U0252640

国家社科基金
后期资助项目
GUOJIA SHEKE JIJIN HOUQI ZIZHU XIANGMU

环境健康经济学理论与政策研究

Research on the Theory and Policy of Environmental Health Economics

祁 毓 著

清华大学出版社
北京

内 容 简 介

本书主要立足经济学的研究视角,在系统梳理中国环境健康形势变化趋势和环境健康治理体系与政策演进的基础上,凝练具有代表性的典型事实和具有理论价值的研究主题,基于理论分析和经验证据两个层面,从效率—公平—干预的三维视角研究环境与健康之间的关系以及由此所引发的系列经济社会效应。

图书在版编目(CIP)数据

环境健康经济学理论与政策研究/祁毓著.—北京:清华大学出版社,2024.12
ISBN 978-7-302-54727-3

Ⅰ.①环⋯　Ⅱ.①祁⋯　Ⅲ.①环境影响–健康–研究　②环境经济学–研究
Ⅳ.①X503.1②X196

中国版本图书馆 CIP 数据核字(2019)第 298256 号

责任编辑:高翔飞
封面设计:傅瑞学
责任校对:王淑云
责任印制:杨　艳

出版发行:清华大学出版社
　　　　　网　　　址:https://www.tup.com.cn,https://www.wqxuetang.com
　　　　　地　　　址:北京清华大学学研大厦 A 座　　　**邮　　　编:**100084
　　　　　社 总 机:010-83470000　　　　　**邮　　　购:**010-62786544
　　　　　投稿与读者服务:010-62776969,c-service@tup.tsinghua.edu.cn
　　　　　质量反馈:010-62772015,zhiliang@tup.tsinghua.edu.cn
印 装 者:三河市君旺印务有限公司
经　　　销:全国新华书店
开　　　本:165mm×238mm　　　**印　张:**10　　　**插 页:**1　　　**字　　　数:**168 千字
版　　　次:2024 年 12 月第 1 版　　　**印　　　次:**2024 年 12 月第 1 次印刷
定　　　价:59.00 元

产品编号:085581-01

国家社科基金后期资助项目
出版说明

    后期资助项目是国家社科基金设立的一类重要项目，旨在鼓励广大社科研究者潜心治学，支持基础研究多出优秀成果。它是经过严格评审，从接近完成的科研成果中遴选立项的。为扩大后期资助项目的影响，更好地推动学术发展，促进成果转化，全国哲学社会科学工作办公室按照"统一设计、统一标识、统一版式、形成系列"的总体要求，组织出版国家社科基金后期资助项目成果。

全国哲学社会科学工作办公室

目　录

第一章 导 论

第一节 研究背景与意义

一、研究背景

在中国,伴随高速工业化和城镇化而来的环境变化对健康的影响成为人们日益关心的话题。从趋势上看,中国的工业化和城镇化进程依然在向前推进,环境库兹涅茨倒 U 形曲线也正处在上升阶段,短期内拐点难以出现。亚洲开发银行(2012)曾指出,在未来相当长一段时期内,中国的绿色发展和环境治理转型面临着前所未有的机遇和挑战,这也是先行国家从未面临的问题。与此同时,癌症、呼吸系统疾病等与环境因素密切相关的疾病正在成为中国居民死亡的主要原因(卫生部,2012;环保部,2014;世界卫生组织,2017)。在环境治理政策设计和实施过程中,实施者通常是将污染减排和浓度下降作为最终目标。事实上,环境治理的最终目的应在于保护公众的健康和福利。如果在环境治理的过程中,不能充分构建起环境与健康之间的关系,也就无法制定出以公众健康和福利为目标的政策体系,进而会影响经济发展的效率和公平。从根本上讲,无论是从环境治理的角度抑或是从健康人力资本角度来看,都应该关注彼此之间的联系,并构建起两者关系的理论分析框架和政策支撑体系,以最大限度地改善人类公共福祉。

从现实紧迫性来看,《2004 年世界卫生报告》指出,所涉及的 102 类主要疾病、疾病组别和残疾中,环境风险因素在其中 85 类中导致疾病负担;全球疾病负担的 24% 和全部死亡的 23% 可归因于环境因素,在 0~14 岁儿童中,可归因于环境的死亡比例高达 36%。一项关于"空气污染造成疾病负担"的研究显示,每年有超过两百万例过早死亡归因于城市室外和室内空气污染(由固体燃料燃烧引起),其中一半以上的疾病负担由发展中国家承担。[1] 在中国,由环境污染引发的各类疾病呈现上升趋势。《中国环境发展报告(2010)》指出,经过30多年的经济快速发展,环境污染所造成的危害后果特别是对人体健康的危害正日益显现,甚至到了集中爆发的时期,今后若干年内环境健康案件有可能频繁发生。[2] 中国环境科学研究院(2011)进一步具体指出,中国居民的疾病负担中有21%是由环境污染因素造成的,比美国高8%。2016年世界卫生组织发布的一项研究报告显示,近年来,全球约有1000余万人死于与环境因素(气候环境和污染环境)相关的疾病,这些环境因素包括高温、严寒等气候因素,以及空气污染、水体污染、固体废弃物污染、核废料污染、医用垃圾污染、有害性化学品污染、土壤污染等环境因素,相关的疾病包括对肺部、心脑血管、呼吸系统等身体各部位的100余种不利影响;环境污染对五岁以下的幼儿和50~75岁的人有致命的危害,但是每年约有170万五岁以下的儿童的死亡以及490万50~75岁的成年人的死亡是可以通过改善环境而避免的。[3] 与此同时,严峻的资源环境形势不仅引发了公众对环境健康的严重担忧,还进一步加剧了贫富差距和社会不公(中国环境与发展国际合作委员会,2013)。世界银行的一份报告同样指出,近九成空气污染致死发生在中低收入国家,污染更容易对健康状况较脆弱、经济社会地位较低的公众造成影响。

在中国开启大规模环境治理和绿色发展转型之初,相关部门就确定了以保护公众健康福利为目标的环境治理理念。[4] 2017年2月,原环保部发布《国家环境保护"十三五"环境与健康工作规划》,提出了五大重点任务和三大举措。[5] 为了进一步协调环境与健康之间的关系,2017年3月,政府又进一步出台了《环境与健康工作办法(试行)(征求意见稿)》。2007年11月,为应对日益恶化的环境健康问题,出台了中国环境与健康领域的第一个纲领性文件——《国家环境与健康行动计划(2007—2015)》,提出了六大行动策略和三大保障政策。2018年3月的国务院机构改革方案中,明确提出生态环境部为环境健康监测和管理工作的具体负责部门。具

---

　〔1〕　World Health Report 2002. Reducing Risks, Promoting Healthy Life. Genea, World Health Organization, 2002。

　〔2〕　杨东平(自然之友):《中国环境发展报告(2010版)》,北京,社会科学文献出版社, 2010年。

　〔3〕　数据来源:http://news.sohu.com/20160317/n440777035.shtml。

　〔4〕　包括党的十八大报告、《国家环境保护"十二五"规划》、习近平同志在中央政治局有关生态文明健康集体学习时的讲话,等等。

　〔5〕　五大重点任务分别是推进调查和监测、强化技术支撑、加大科研力度、加快制度建设和加强宣传教育;三大保障措施是加强组织领导、推动试点示范和加大资金投入。

体工作由生态环境部法规与标准司负责,将"组织管理环境与健康有关工作,建立环境与健康监测、调查和风险评估制度"作为其主要工作职责,该司下设标准管理处(也称为"环境健康处"),主要负责标准综合协调和管理、环境健康等相关工作。2018年6月,生态环境部印发了《环境与健康数据字典(第一版)》,开启了环境健康管理标准化工作。2018年8月,生态环境部在全国首次推行环境健康风险管理试点改革,将环境监测与健康监测动态结合。与此同时,公众也可以通过可行的渠道来反映自身的环境诉求和健康诉求,当然,一些由污染所导致的群体性事件也在环境污染问题凸显的时期呈现出快速增长的趋势。目前,中国环境管理的目标逐步从污染控制转向质量改善,即从单纯地考虑污染总量减排目标逐步转向以环境质量改善为目标,更多地强调环境质量改善对公众福利尤其是健康福利的增进作用,现有的有关环境政策设计和环境标准的确立都是以不损害公众健康和增进公众健康福利为"最低标准"。

党的十九大报告明确指出:"我们要建设的现代化是人与自然和谐共生的现代化,既要创造更多物质财富和精神财富以满足人民日益增长的美好生活需要,也要提供更多优质生态产品以满足人民日益增长的优美生态环境需要。"党的二十大报告中,提出"人民健康是民族昌盛和国家强盛的重要标志。把保障人民健康放在优先发展的战略位置,完善人民健康促进政策"和"提升环境基础设施建设水平,推进城乡人居环境整治"。2022年7月,生态环境部在制定的《"十四五"环境健康工作规划》中提出要协同推进健康中国和美丽中国建设。这就意味着,单纯的经济增长并不能包含人类发展过程中的全部需求,过度和单一依赖经济增长所带来的社会福利会随着公众的非经济性需求的上升而迅速被消费甚至消耗殆尽;换言之,在经济增长的过程中,需要平衡好经济增长与环境保护(治理)之间的关系,通过协调发展和平衡发展来降低对经济发展成果的过度消耗,进而转向经济发展与环境保护相互促进、相得益彰的发展路径之中,这从本质上体现的是"保护生态环境就是保护生产力,改善生态环境就是发展生产力"的绿色发展理念。

"保护生态环境就是保护生产力,改善生态环境就是发展生产力"的理念并不是一句口号,而是具有深刻经济学内涵的辩证理论。比如,减少污染除了对健康有好处,还可以进一步提高生产率和促进经济发展。由污染引发的健康问题会影响劳动者的认知能力,产生降低工作效率的心理问题,以及增加焦虑情绪,这样的情况使得很多企业不得不用更年轻和不专业的新员工来替代老员工,从而导致很多高质量岗位缺乏拥有足够经验的人才来驾驭。很多劳动者,尤其是高素质劳动者,长期内会选择离开污染严重的地区,以避免健康受损。采取有效措施降低污染浓度对所有企业都将产生积极的效应。

因此,从经济学视角关注环境与健康之间的关系以及由此产生的效率和公平问题,对于全面综合地权衡发展的收益和代价以及制定综合的环境健康政策大有裨益。

二、研究意义

环境因素对健康产生影响的感性认识并不意味着认知的终结,从更为严谨的学理意义上来看,环境因素对健康的影响只是研究的一个起点,环境因素对健康是否有影响、如何影响、在多大程度上影响以及以什么样的方式进行干预,都需要作出更为科学、严谨的判断。事实上,环境污染到底在多大程度上以及怎么样影响到疾病甚至死亡似乎很难测定。在生物层次上,特定化学物质的致癌性很好理解,甚至在没有特定污染物详细信息的前提下,也能够在人群中建立环境质量和健康的统计学上的强相关关系。纵使这样,环境与健康之间准确的关系论断在医学、生物学界依然没有得到明确答复,这是因为有太多的因素,如遗传、个体行为(如饮酒、运动、吸烟、饮食)一般健康状况以及营养情况等,都与疾病的发病相关,因而很难剥离出哪些疾病是环境因素所引起的。进一步来看,环境污染对每一个人的影响是不一样的,这是因为每个人或群体暴露于污染中的概率和程度是存在差异的,而且由于健康基础以及所享受的公共服务存在差异,即使暴露于同样的污染中,每个人的健康反应也是不同的。此外,评估环境污染对健康的影响以及推导分析相应的传导机制只是基础和前提,更为关键的是,要在此基础上,建立环境污染对健康影响的预防型和治理型体系。诸如此类问题的研究,并非完全应由医学和生物学承担,社会科学研究者尤其是经济学研究者,在这些问题上具有比较优势,经济学不仅关注环境健康关系背后的效率和行为策略问题,而且关注所涉及的环境健康公平话题,并具有将问题转换为对策的独特能力。但是,包括经济学家在内的社会科学家进入这样充满争议和复杂的领域是需要勇气的,并面临如何处理环境污染和疾病关系的科学不确定性和价值判断的艰难选择。

无论是中国,还是世界其他国家,有关环境与健康或者环境健康主题的研究绝大多数集中于自然科学领域中,尤其是环境科学和医学领域,但是这并不意味着,有关环境健康议题的研究能够由自然科学独立承担,或者说,社会科学很难涉足环境健康领域之中。相反,无论是从现实诉求还是从理论研究需要上来看,至少经济学、法学、哲学、社会学等人文社会科学已经开始展示出其在环境健康相关领域的现实解释力和政策构建能力。具体来说,对于一些跨学科问题的研究,不能采用竞争性思维或者"非此即彼"的思维来进行研究,在环境健康领域当中,不可否认的是,自然科学具有先天优势和自身学科优势,应发挥其在解释环境与健康关系议题中的主导作用。正因为如此,社会科学作为构架起科学与社会之间关系的桥梁,能够更好地拓宽自然科学对环境健康问题的解释力,更大限度地释放出自然科学的作用力;不仅如此,社会科学尤其是经济学,还能够进一步结合自然科学的基础,系统性地从效率和公平角度来解释和阐述环境对健康的各类影响以及相关的公私政策干预手段设计与协同,这有助于将环境与健康之间的关系机理转化为现实的政策意涵和政策启示,将"环境—健康"的单向关系拓展到"环境—健康—经济—社会"的多向动态关系中,客观上也展示了跨学科交叉问题协同研究的潜在空间。

目前,环境健康经济学正在兴起,成为经济学内部跨学科(人口资源环境经济学、卫生经济学、公共经济学等)以及经济学与医学、环境科学等自然科学跨学科问题研究的一个极为热点的议题。本书期望,从理论机制阐释和经验检验的角度研究环境健康问题中的效率和公平话题,将科学的研究结论转化为预防和治理环境健康风险的政策设计,尝试性地搭建环境健康经济学理论的分析框架,构建适合中国实际的环境健康管理政策体系。

第二节 研究思路、研究框架与研究内容

一、研究思路与研究框架

本书主要基于经济学的研究视角和分析框架,在系统梳理现有环境健康经济学研究进展的基础上,结合中国环境健康的现状和政策事实,从效率—公平—干预的三维视角构建环境健康经济学理论体系,提炼具有研究价值的经验话题并进行实证检验,形成从理论到实证、再到政策的一以贯之的逻辑分析框架,具体如图 1-1 所示。

在理论分析上,尝试性地搭建了环境健康经济学的理论分析框架:在效率方面,重点关注环境质量对健康人力资本、教育质量、劳动就业以及经济增长的影响;在公平方面,重点分析环境污染的差异化暴露水平和差异化的环境健康反应函数;在干预方面,主要探讨私人规避和公共干预之间的关系,以及公共干预的有效性问题。

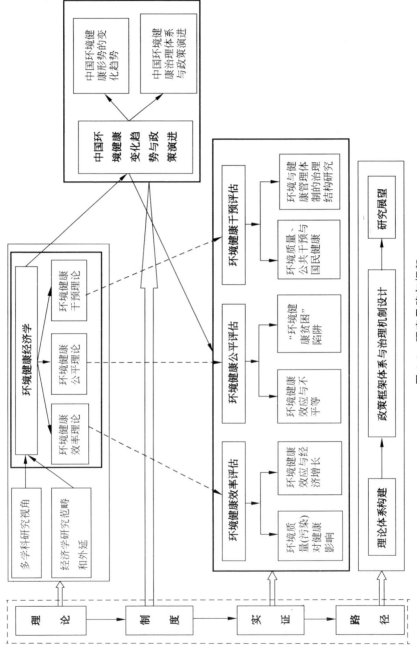

图 1-1 研究思路与框架

在经验分析上,利用经济周期所引起的环境污染变化作为识别环境质量影响国民健康的准实验机会,评估了环境质量对国民健康的影响,在此基础上,将环境质量的健康效应进一步拓展到世代交叠的跨期增长模型(Over Lapping Generation Models,OLG)中,并提供环境质量如何通过健康人力资本影响经济增长的经验证据。考虑到环境健康效应的有偏性,利用世代交叠模型从理论上阐述了环境质量(污染)因素带来的经济社会不平等效应及其传导路径,并进一步借助经验数据进行了宏观和微观两个层次的检验,测算了环境健康损害对地区间不平等的贡献,在此基础上提出了"环境健康贫困"陷阱现象,并进一步证明了"环境健康贫困"陷阱理论的存在性和经验事实。在干预视角上,重点关注了以公共服务为代表的公共干预如何预防和缓解环境污染对健康的影响,并从体制上分析了环境与健康管理体制中所涉及的治理结构问题。

最后,提出了环境健康经济学的理论体系、政策框架体制和治理机制,并对未来(中国)环境健康经济学领域的研究趋势进行展望。

二、研究内容

本书内容共分九章,具体如下:

第一章为导论。在阐明本书研究价值和意义的基础上,提出本书的分析框架与思路,并对本书的研究内容、主要观点以及研究方法进行系统梳理,最后提出本书的创新点与不足。

第二章为环境健康多学科研究视角与经济学使命。首先探讨环境健康问题研究的学科背景,相比较其他自然科学以及社会科学中的非经济学科,经济学在研究环境健康问题上具有独特的优势和价值;其次界定环境健康问题研究中所涉及的基本理论,科学地认识所涉及的污染、暴露以及剂量反应函数三大概念,以及相关的传导机理;最后进一步总结环境健康问题中的经济学研究趋势。

第三章为环境健康经济学研究理论体系。基于已有的文献和理论分析,分别从效率、公平和干预三个维度搭建环境健康经济学的理论分析框架,在环境健康经济学效率理论中,着重关注环境质量对健康人力资本的影响,以及在此基础上对教育质量、劳动生产率和经济增长的影响;在环境健康经济学公平理论中,重点关注差异化的污染暴露水平与差异化的污染健康反应函数及其影响因素;在环境健康经济学干预理论中,阐述公共干预在引导私人规避行为选择中的作用,同时重点关注不同类型的公共干预政策如何调节污染健康效应,即如何预防和治理因污染而导致的健康人力资本折旧(损耗)和健康经济社会不平等。

第四章为环境质量(污染)对健康人力资本的影响与效应识别评估。分为三个部分:首先,从一般性角度评估识别环境质量(污染)对健康人力资本的影响,并得到环境质量(污染)健康效应的基本证据。其次,借助污染物暴露方程模型与队列分析方法,采用经济价值评估方法,统计测算2003—2016年中国113个重点城市环境污染的健康负担及其所带来的经济价值损失。最后,借助经济周期这一外生冲击,考虑在经济增长下降的条件下,环境污染排放减少、环境质量改善后,公众健康的反应,此部分将失业率作为经济周期的代理变量,重点观察失业率变化前后,预期寿命和死亡率的变化情况,以及不同年龄段、不同性别、不同发展程度条件下的一致性差异,还进一步识别了这种效应的短期性和长期性。总体上发现,经济周期与国民健康之间确实存在着比较显著的关系,伴随着失业率的上升,环境质量会得到一定程度的改善,由此带来的健康改善也随之增加,但是这主要表现为一种短期现象,一定程度的经济增长放缓并非一无是处,可能会带来一定程度的健康福利改善。但过度经济衰退必然会导致健康福利损失的加剧,因此,相应的政策启示也应该辩证看待。

第五章为环境健康、卫生保健、污染减排与经济增长。考虑第四章已经从经验分析的角度讨论了环境质量(污染)对健康人力资本的影响,第五章将主要从理论上阐述环境健康人力资本效应及其对经济增长的影响,并解释在环境健康经济效应分析框架中如何有效权衡卫生健康政策和环境政策。具体说来,在一个世代交叠模型中设定预期效用函数和生产函数,并将环境对健康人力资本的影响纳入其中,研究发现,在平衡增长路径中,最优的增长率会受到污染的影响,具体表现为污染对健康人力资本的影响,数值模拟也进一步佐证了结论;在环境健康经济效应分析框架中,公共政策的设计需要在健康保健政策和环境减排政策之间进行权衡,在不考虑污染减排的外部性时,用于污染减排方面的支出不会改善增长率,但是如果污染减排的外部性存在,那么最优增长的健康保健占比影响会更小,即应该将更多的资源投入到污染减排中。

第六章为环境污染、国民健康与经济社会不平等。在延续上述效率分析视角的基础上,第六章着重从公平维度阐述环境污染如何通过健康对经济社会不平等产生影响,即从理论和实证两个维度提出传导机制和提供经验证据。具体说来,从理论上构建了一个两生产部门的世代交叠模型。在模型中,第一生产部门的投入要素为劳动,其边际产出受到环境质量的影响;第二生产部门的生产要素为资本,包括物质资本和人力资本,该部门的活动会排放污染物。如果劳动力在两生产部门之间进行流动存在障碍，那么部门之间的收入会产生差异，而当第二生产部门的生产活动扩张后会加剧污染，进而影响劳动的边际产出和劳动者的健康人力资本，导致不平等进一步扩大。如果第二生产部门资本投资的福利制度安排对第一生产部门的劳动者存在歧视的话，则会进一步激化收入不平等，进而形成环境、健康与收入之间的恶性循环。在实证上，通过一个多层嵌套广义线性回归模型实证检验环境污染如何与经济社会地位叠加，利用重点城市数据，比较分析考虑污染健康损害前后，各个地区的健康福利不平等和收入不平等。在此章的最后，利用省级面板数据构建联立方程组模型验证环境质量、健康人力资本与收入不平等之间的关系。

第七章为公共干预与环境健康风险治理。主要从公共干预的视角来解释相应的政府政策安排及其对私人规避的引导作用，阐述公共干预对环境健康效应调节作用的内在机理；实证评估公共服务对环境健康效应的影响，进一步讨论不同类型公共服务对环境健康效应影响的异质性。总体上，公共干预政策可以起到调节或缓解污染健康损耗的作用，其对私人规避行为的引导作用至关重要。

第八章为环境健康管理体制与治理结构。第一部分描述性地分析中国环境质量变化趋势以及由此所引致的健康危害、相应的经济损失和分布。第二部分系统性地从政策、机构、体系、机制等维度梳理中国环境健康治理体系和政策演进的阶段性特征，剖析中国的环境健康管理体制，并进一步从集权与协同视角探讨环境健康治理结构的创新。第三部分着重分析环境健康公共干预政策的设计以及如何对私人的规避行为进行引导。中国环境健康干预政策的设计与治理体系的构建需要进行系统性的梳理、诊断和建设，环境健康公共政策干预需要从公共干预的目标和价值、实现机制和保障制度等方面予以确定。从根本上讲，构造一个有效的环境健康治理体系，需要从机构设定、资源配置、能力建设、激励约束机制设计和体制构造等维度进行系统性设计。

第九章为环境健康经济学理论体系与政策框架设计。首先，在理论上，系统性地总结本书前述有关效率、公平和干预章节中的理论、机制和经验结论，在此基础上构建一个理论逻辑自洽、体系相对完整、结构设计合理的环境健康经济学理论框架（体系）。其次，在政策设计上，构建环境健康政策框架体系与治理机制设计。最后，基于现有理论和学科交叉，立足中国实际，对后续研究进行了展望。

第三节　研究方法选择与应用

遵循标准的经济学研究范式和研究方法,主要基于方法的适用性原则,将规范分析与实证分析有机结合,重点运用文献综述法、逻辑演绎法、数理分析法、理论模型设计、实证分析方法等,搭建环境健康经济学的理论体系,并着重从效率、公平和干预三个维度评估环境质量的健康人力资本效应、环境健康的经济增长效应、环境健康的不平等效应以及公共政策的调节效应,具体如下。

一、规范分析

规范分析方面,采用福利经济学理论对环境健康经济学中所涉及的效率和公平问题进行适当的价值判断;采用文献综述法和逻辑演绎法系统回顾、梳理、总结近三十年来国内外有关环境健康领域的经济学文献,提炼理论基础与内涵,把握理论进展和演进趋势;采用制度变迁理论系统梳理中国环境健康趋势的演进历程,关注中国环境健康治理体系与政策演进的特征;采用制度经济学中的交易成本理论、信息不对称理论、激励约束相容理论以及集权和协同创新理论重点剖析中国环境健康治理体系和体制中所面临的信息问题、协调问题和激励问题,从机制设计的角度,探讨环境健康公共政策体系的设计与激励约束引导机制的构造。总体上看,我们期望通过严谨且紧密联系实际的规范分析,厘清环境健康理论与政策的来龙去脉,突破环境健康理论发展和政策设计的瓶颈,构建可持续的环境健康经济理论体系,设计有效的环境健康公共政策体系。

二、实证分析

严格根据理论研究的需要,遵循实证分析方法的适用性原则,重点选择了多层嵌套的广义线性回归模型、静态与动态面板数据模型、联立方程组模型、双重差分方法等常用分析工具,利用微观层面的中国综合社会调查(Chinese General Social Survey,CGSS)数据,宏观层面的分市、分省、分国家(地区)面板数据。总体上,本书的实证分析方法相对可靠、分析结果相对稳健,系统性地对环境健康的系列经济社会效应进行了评估,借鉴流行病学中的疾病健康负担测算模型,估算了中国环境健康的成本及其分布,并评估其对经济社会不平等的贡献度。

三、数理分析

数理分析属于广义的理论分析和规范分析,主要基于严格且简化的数理模型,阐述环境健康人力资本效应、不平等效应和公共干预政策的一般性原理,并适时地进行模拟校准。本书主要在三个地方运用数理模型:(1)在环境、健康与经济增长分析框架中,建立了一个世代交叠模型,将环境对健康人力资本的影响纳入其中,阐述环境质量(污染)如何通过影响健康人力资本进而影响经济增长,并进行参数校准识别。(2)建立了一个家庭和政府的两部门模型,考察政府如何权衡设计健康政策和环境政策来保障环境健康福利最大化。(3)在不平等维度,通过构建世代交叠模型,评估环境污染如何通过健康影响经济增长以及环境政策和健康政策的调节作用,从理论上构建了一个两生产部门世代交叠模型。

第四节　创新与不足

一、本书创新之处

第一,理论体系与研究视角的创新。本书的研究带有较强的学科交叉性,具有一定的前沿性。一方面,有效地借鉴了流行病学和环境科学中有关污染暴露以及剂量反应函数等的自然科学理论,奠定了本研究的科学基础;另一方面,将环境与健康有机结合,运用经济学的理论、范式和视角尝试性地构建了一个环境健康经济学分析框架,在该分析框架下,分别从效率、公平和干预三个维度切入,以期全方位、多视角阐述和评估环境质量如何影响国民健康以及由此带来的系列经济社会效应。

第二,研究方法的适用性和应用性。根据理论分析框架中所确立的研究内容,本书分别采用适用于文献梳理、制度梳理、机制分析的规范分析方法,同时运用了用于检验理论命题和理论机制的数理分析方法和实证分析方法。具体说来,既从制度变迁和信息经济学的角度来规范性梳理和分析中国环境健康体系的变迁和环境健康治理结构中面临的诸多问题,又将宏观数据与微观个体数据有机匹配,有效地评估了环境是如何影响健康及造成经济的不平等的,还运用省级和地级市面板数据评估了环境健康效应如何影响经济增长。此外,本书的数理分析更为清晰简洁地反映了环境健康效应背后的内在机制,使得本研究所使用的方法能够在相当程度上支撑相应的结论。

第三,具有对实践的直接解释力和指导性。本书的研究直面严峻的环境形势以及由此所带来的健康问题,例如,第五章以环境健康、卫生保健、污染减排与经济增长为主题,其结论直接证实了"保护生态环境就是保护生产力,改善生态环境就是发展生产力"的论断。在评估环境健康不平等时,首次提炼"环境健康贫困"陷阱问题,并进一步论证陷入"环境健康贫困"陷阱风险的内在机制,提出了规避该风险的公共干预政策安排等。

总之,本书的研究既希望在理论上初步搭建出环境健康经济研究的分析框架或者思路,又希望采取恰当的科学研究方法来证实研究的结论,更希望对现实具有较强的解释力以及应用价值。

二、本书存在的不足

有关环境健康经济学理论与实证方面的研究还非常稀缺,本书的研究带有一定的建构色彩,在一定程度上决定了本书的研究并没有完全遵循理论自然演化的规律。当然,这与环境健康的学科交叉特征密切相关,本书的研究只是对这些建构性理论及其体系进行了一种探索,尚存在诸多不足之处。首先,缺乏环境健康经济学的一般均衡理论,因而使得这一构建的理论体系难以有效地从广度和深度上进行拓展;其次,尽管效率—公平—干预三维视角的思路比较清晰,但是三者的内在联系及其相互间的转换机制在本书中并没有进行有效的阐述和探讨;再次,目前有关环境健康经济学方面的微观证据还非常匮乏,当然这与现有数据不足等客观原因高度相关,但是伴随着微观健康数据和中观、宏观污染数据的逐步公开,两者间的匹配和结合将大大拓展和丰富现有研究的实证依据;最后,本书适当地涉及环境健康风险治理过程中公共部门和私人部门的关系如何建立,但是有关这些问题的进一步讨论需要后续专门研究,其中涉及大量有关公共部门环境健康政策设计的经验研究,以及在此基础上私人部门的反应和响应。由于中国的环境健康风险治理制度几近空白,只能从应然的层面进行适当的讨论,更详细的研究有待下一阶段的探索。

还需要指出的是,对于环境健康经济议题的研究,如果要搭建环境健康经济学理论的分析框架,构建适合中国实际的环境健康管理政策体系,那么单纯地从"效率、公平与干预的视角"进行研究显然是不够的。本书只是对该主题进行了有益的尝试,后续还需要在环境与健康是什么关系,环境对健康有什么影响,不同的环境状况对健康有什么不同的影响,如何判断环境对健康影响的大小与好坏,环境影响健康的机理、途径和方式,应该如何应对这种影响(社会、国家、家庭、个人应该如何保持环境对健康的有利影响、克服不利影响)等方面进行更加系统、全面、深入的探索。当然,还有其他一些研究上的不足,在此不一一列举,限于研究主题的限定性,上述不足将成为下一步研究关注的重点。

第二章　环境健康多学科研究视角
与经济学使命

第一节　环境健康问题研究的学科背景

由生态环境恶化以及极端气候天气所引发的健康危害事件在全球各国呈逐渐蔓延趋势,加强对环境健康问题的研究、制定有效的环境健康政策已经成为各国可持续发展战略中极为重要的组成部分。美国专门成立了国家健康效应研究所(NEI)和国家环境健康科学研究所(NIEHS),后者更是专注于环境与健康关系问题的研究,并在其新近发布的 2012—2017年战略规划《科学进步、改善健康—— 一个环境健康研究计划》中将环境健康基础研究、污染暴露研究、跨学科、健康差距与全球环境治理、环境健康培训与教育、交流与公众参与确定为未来中长期研究的重点。[1] 日本环境省的六大职能中就有一项职能是专门针对环境健康(保健和化学物质对策)的,并成立了国立环境研究所来重点研究环境健康问题,同时,日本环境健康法的律赔偿和保障制度更是走在了世界前列。[2] 欧盟在 2013年正式将"全球环境与安全监测"计划(GMES)纳入其 2014—2020 年多年度财政框架(MFF),投资 37.86 亿欧元用于该项计划,而该项计划的主要贡献就在于能源、可持续发展、生态系统、健康、监测气候变化等方面。[3]此外,全球首个环境健康组织——国际健康与环境组织也于 2013 年 6 月正式成立,该组织的一个核心宗旨就是"以新的更宽阔的视野应对健康问题"。

自环境问题产生以来,以环境健康为主题的研究更多来自环境科学和健康科学,主要体现在环境流行病学和环境毒理学等领域。而近年来,政策制定者和研究者开始逐渐认识到经济学在环境健康问题中的价值和意

---

[1]　详见 http://www.niehs.nih.gov/about/strategicplan/index.cfm。

[2]　详见 http://www.nies.go.jp/gaiyo/bunya/health-e.html。

[3]　参见 http://www.esa.int/ESA。

义,更多的经济学者开始涉足这一领域。无论是环境科学领域的研究者,还是医学领域的研究者,都在呼吁社会科学领域的学者加入到这项宏大的议题研究中,并进行跨领域实质性的合作(世界卫生组织,2002；Randall V. Martin,2008)。在国际上,经济学期刊刊发有关这一主题的文献数量正逐年上升,其中不乏 *American Economic Review*、*Quarterly Journal of Economics*、*Journal of Political Economy*、*The Review of Economics and Statistics* 等顶级综合性经济刊物。

在全球环境健康风险不断上升的背景下,中国的环境健康问题更是一项不容忽视的重大议题,这不仅源于中国环境污染形势的严峻性和环境健康跨学科研究的薄弱。更重要的是,中国正处于高质量转型发展的进程中,将环境治理与公众福利予以统一考虑并纳入整体发展转型的框架设计中,有助于总结出以往发达国家在转型过程中没有很好解决的症结性问题。基于全球视野和中国经验证据,有助于在理论上提炼一般性的理论分析框架,在政策上设计更为科学的方案。历年的全球疾病负担评估报告都或多或少地涉及中国环境质量(污染)所带来的健康福利损失,几乎无一例外地指出,中国的环境健康负担在总量规模和结构分布上,具有很强的典型性。这种典型性不仅体现在环境健康负担之重,还体现在环境健康风险的多样性方面,大气、水、土壤、固体废弃物、医疗废弃物、极端气候等环境因子的影响大而全,但无一例外的是,这些报告没有考虑到对中国广阔的农村地区以及水、固体废弃物、土壤等其他环境污染因子做评估。社会科学,特别是理应发挥更大作用的经济学并没有在该领域展现出应有的能力,在中国环境治理越来越依赖于经济手段的当下,在讨论如何将环境健康因素纳入即将转型的中国环境政策制定框架中这一问题时[1],经济学的地位显得举足轻重。而相关的研究特别是跨学科研究相对滞后,这在一定程度上也制约着中国环境健康战略及政策的制定和实施。[2]

与自然科学以及社会科学中的非经济学科相比,从经济学的视角对"环境健康"主题进行研究的价值体现在以下三方面。

第一,在研究内容上,经济学不仅关注环境健康关系背后的效率和行

---

〔1〕　主要国家领导人有关环境健康方面的讲话以及中共中央、国务院有关环境治理方面的政策文本都直接指出过"环境保护和治理要以解决损害群众健康突出环境问题为重点"。具体包括党的十八大报告、党的十九大报告、《"十三五"生态环境保护规划》,等等。

〔2〕　环境健康领域的第一部政策文本是《国家环境与健康行动计划(2007—2015)》,该计划首次提出了中国环境健康管理的计划、目标、政策和路径,但是由于该计划几乎没有任何约束力、文本的法律级别较低,未能从根本上触动中国环境健康风险问题,也没有有效地建立起环境监管管理体系。

为策略问题,而且还关注所涉及的环境健康公平话题。经济学常常将稀缺资源货币化,来研究资源配置以及背后的行为策略选择。环境因素是影响健康人力资本折旧极为重要的因素,经济学可以评估环境污染所产生的人力资本损失并估算由此造成的经济福利损失,一些环境的健康冲击还会影响到生产率和教育人力资本,并且还存在着短期效应(Strauss and Thomas,1998)和长期效应(Cunha and Heckman,2007)。大量的文献已经开始从劳动力供给、生产率、教育质量等多个维度来阐释环境因子相互之间的关系(Zivin and Neidell,2012;Hanna and Oliva,2011)。由此看来,环境保护不应该被单纯认为是一种影响生产和消费的成本阻碍或者不利于经济增长的发展路径,至少应将环境保护所挽回的人力资本纳入经济增长的视野中。进一步来看,经济学研究已经开始大量地关注环境风险规避行为,个人风险规避行为将导致个体在环境暴露中产生异质性,使得原有流行病学中的静态方法无法处理这一现实问题,而其所涉及的收益和成本如何权衡,经济学理论在这些方面的研究上则更为擅长。除此之外,经济学还是关注社会公平的学科,环境影响健康不平等主要是通过两种机制独立或者混合发挥作用,第一种机制是差异化暴露水平,相较一些群体,另一些群体更容易暴露于环境污染之中;第二种机制是差异化健康效应,在暴露于同等环境污染之中时,一些群体的健康更容易受到环境的影响。在两种机制中,社会经济地位起着重要的作用。无论是对环境健康效率问题的研究,还是对环境健康公平主题的关注,均离不开经济学的支撑。

第二,在研究方法上,经济学的研究技术和手段在评估环境与健康的关系上同样具有准确的一面。环境与健康的关系并不是单向的,即环境污染对健康的影响并不是随机分布的,这意味着环境与健康之间存在着严重的内生性问题。经济学家能够清晰明确地识别最优化行为如何影响污染的非随机分配。例如,由于空气质量被资本化地附加到房屋价格中(Chay and Greenstone,1998),那么拥有较高收入的人群往往倾向于选择空气质量更好的地区居住。相反,由于具有更多的就业机会,城市能够吸引高技能工人,同时还会成为主要的污染源。这些相同的人群可能会在他们的健康上增加额外投资,因而现有的研究方法无法有效识别和解释来自这类投资所产生的污染健康效应估计偏误。考虑到污染暴露的内生性,经济学家通常习惯利用一些不受或者较少直接受到生态环境质量(污染)影响的政策作为影响环境质量变化的外生冲击,进而识别由此所带来的"意外性"生态环境质量变化对健康人力资本的影响,在此基础上的因果推断估计对准确制定政策的意义更强。而且经济学家还能够巧妙地运用一系列外生冲击事件捕捉其所创造的环境健康的随机效应机会。

第三，在学科交叉中，经济学的兼容性和互补性更强。经济学常常被认为有"帝国主义"倾向，事实上，经济学的这一属性并不是指排斥其他学科的研究，而是通过发挥经济学在解释各类问题中的独特优势，进而实现与其他学科的兼容与互补，这一点在涉及交叉领域问题的研究时显得尤为重要和突出。环境健康问题本身属于交叉学科范畴的命题，一方面，无论是经济学者，还是其他社会科学研究者，对环境健康问题进行研究时都必须理解环境科学和医学中有关环境健康反应的环境科学过程和病理学过程，而且对此应有一定程度的熟悉。例如，个体在选择环境健康风险规避行为策略时，往往是基于污染的暴露概率以及相应的剂量—效应函数和剂量—反应函数作出的；同时在研究环境健康不平等问题时会发现，不同社会经济地位的人群往往由于污染的暴露水平不一致以及剂量—反应函数差异而造成健康不平等。另一方面，环境科学和医学对环境健康问题的关注往往止步于环境污染与健康之间是否存在关联以及关联的程度有多大，而对两者之间是否存在因果关系尚无明确的定论。更为重要的是，一旦涉及环境健康反应过程中经济社会因素的影响，以及如何进行恰当的干预和政策设计，环境科学和医学的优势将无法发挥。正是基于这两方面的考虑，经济学及其学者对该领域的问题加以关注时，应该主动地掌握相关的科学知识，搭建起多学科之间的联系，发挥自身的"比较优势"，尝试运用经济学和社会科学的理论和方法，将环境健康的机理过程完整予以阐述，基于结论提出相应的政策启示，构筑起"环境—健康—经济—社会"等多维度的研究视角和研究体系。

第二节　环境健康问题的基本科学理论

经济学要成为一门严谨的"科学"，不仅要具有严密的逻辑和实证依据，而且还应该时刻跟踪其他相关学科的研究进展和最新成果，对于环境健康经济学而言，这一点至关重要，有助于准确、深刻和全面地理解环境健康经济学的内生机理。事实上，国外绝大部分环境健康经济学的研究都会对环境健康科学的相关文献进行梳理和概述。通常，有关环境健康风险产生过程的自然科学研究主要将环境影响健康的过程归结为三个重要的原则要素：生态环境质量、暴露及剂量反应函数。

生态环境质量包含两个重要的维度：生态质量和环境质量。前者包括热效应、洪水、干旱及强烈风暴增加；后者包括空气污染、疾病传播途径不良变化、食物供给不稳定、营养不良及精神状况恶化等。生态环境质量问题主要表现为气候变化，气候变化背后有着深刻的经济动机，而气候变化对人类健康会产生不利的影响。在理论上，自然气候因素对公众健康的影响渠道有三种：一是原生态的直接影响，表现为暴雨、太阳辐射、极端气候等因素所带来的对人体健康的直接影响；二是自然系统自身演化和自我作用过程中产生的类似于生物性、水源性的传染疾病；三是受人类系统调节的间接影响。总体上看，气候变化是造成人类健康脆弱性以及差异性的主要原因。由于生态质量和环境质量影响人类健康的机制和路径存在差异，为了研究的聚焦性，本书着重关注环境污染所引致的健康问题。

污染[1]被描述为一个特定地点总体的有毒物质；暴露[2]所表示的是人们接触这些有毒物质的程度，或者测度的是人们与有毒物质的接触；剂量反应(dose-response)函数[3]则是指将人们既定的污染物暴露(接触)转化成为生理健康反应。由于在自然科学的分析框架下，这三个要素之间被认为相互独立且属于准外生变量，当面临污染时的个人行为固定时，那么其经济学的直接含义则被限制在最优监管的理论验证上。

尽管如此，经济学依然在原有的环境健康学框架基础上提出了相关的概念和一系列问题，而这些问题又是在进行环境健康经济学研究前必须明确或厘清的：一是个体的污染暴露(Chay and Greenstone, 1998)。评估和识别生态环境因素对人体健康的影响需要考虑人体暴露于污染中的程度，也称之为"污染暴露水平"，通常是根据个体的居住位置搜寻其最靠近的监测站的污染监测数据，并以此作为个体污染暴露水平，很显然这一做法将直接导致测度的偏误。针对这一问题，已有学者利用来自多个监测点的数据，运用加权技术并考虑影响污染物扩散的因素来获得更为精确的个体

---

〔1〕 污染物的两个特征对于经济学分析特别重要(Joshua Graff Zivin and Matthew Neidell, 2012)：许多污染源自其他环境要素的相互作用，污染物在其沉积模式中出现广泛的变化。美国环境保护部按照六类标准归结了200余种有毒空气污染物质和100余种饮水污染物质，并设置了标准；中国的原环保部共计设置了144项环境标准。

〔2〕 暴露是环境流行病学中的核心概念，通常是指个体接触一定浓度的某种环境物质并达到一定接触时间的过程(郭新彪，2006)。暴露的另一重要方面是规避行为的作用。实验科学中通常是为了评估环境暴露的纯生物效应而将个体在面临污染时所采取的暴露规避行为排斥在研究之外，并不予以考虑。而规避行为犹如在潜在暴露和真实暴露之间插入了一个楔子。因此，潜在暴露对健康的衰减估计可能与真实暴露影响的实验估计存在显著的不同，而福利的评估以及最优政策的设计在很大程度上依赖于这些规避行为(Zivin and Neidell, 2012)。

〔3〕 剂量—反应关系建立在剂量—效应关系的基础上，后者通常是指个人暴露剂量的大小与效应严重程度的关系，对群体而言则是指发生某种效应的平均暴露剂量与效应严重程度的关系。可以这样说，剂量—反应函数揭示的是环境健康的平均效应，剂量—效应函数则反映的是环境健康的异质效应。一般来讲，剂量—反应函数有多种形式，如线性关系、非线性关系以及门限阈值关系。

污染物暴露水平(Zivin and Neidell,2012)。此外,个体在生命周期中的流动性也会影响其暴露水平,而这一问题至今并没有得到很好解决,使得更多的研究集中于短期效应以及宏观议题。二是污染的函数形式。通常认为环境与健康之间的关系主要定格为比较普遍的线性关系,近年来毒理学文献中的实验研究指出其中可能存在着非线性关系(Smith and Peel,2010),人们的关切点也逐渐从高污染物向较低水平的污染物转变——那些低于所谓"污染物"安全阈值的污染水平仍然有可能对健康产生影响。当然,环境与健康之间的关系可能并非可以由线性关系来解释,即两者之间可能存在着一定的非线性关系,这一点在经济学实证分析中的最优点测算时常被用到。而该领域的非线性关系识别往往是通过使用虚拟变量的形式来评估,这一方法能够基于政府设定的环境标准来识别门槛或阈值,将污染物定义为一系列虚拟变量,并且可以较为随意地选择临界点,该方法类似于一个统一内核而无重叠的非参数回归,但又不像其他非参数回归,它能使用普通最小二乘分析框架,是广泛应用于因果估计的计量工具(Currie et al.,2009;Zivin and Neidell,2012)。三是污染物暴露的持续时间。对于一些污染物而言,在当期就可能对健康产生影响,而对另外一些污染物,剂量—反应的周期可能更长,采用考虑当期和滞后暴露的分布滞后设置方法能够有效灵活地考虑暴露周期;此外,在整个周期内采用联合的 F 检验能够有效地识别由短期内污染物的相关性所引起的多重共线问题(Jerrett et al.,2009;Currie et al.,2009;Zivin and Neidell,2012)。在环境健康经济学研究中一个最为核心的技术问题是污染的内生性问题,污染并不是严格意义上的外生变量,人们能够根据一系列主客观条件选择一定的行为来规避不同的污染,因此,内生性问题更多与个人的规避行为相联系。四是污染物影响的当期与滞后效应。一些污染物可能会在当期就对健康人力资本产生影响,比如直接对学校教育和劳动就业等产生影响;但同时还有一些污染物的影响可能会滞后产生或者持续产生。因而在研究这一主题时,不仅需要获得当前人力资本水平的信息,而且还需要对研究对象早期的居住地点及其污染暴露水平(如从出生到儿童时期的暴露)信息进行采集。由于污染物短期变化可能导致其整个生命周期的福利水平变化,因此,从政策视角来看,关注滞后效应显得极为重要。如 Chay and Greenston(1998)、Sanders(2011)等都发现早期的污染暴露对后续的学业成绩会产生一定程度的负面效应。此外,与污染问题一样,由生态破坏所带来的健康风险是环境健康经济学所关注的重要内容,限于本书主题的聚焦性,主要以环境污染为主题进行分析。

第三节　环境健康问题中的经济学研究趋势

环境健康效率、环境健康公平与环境健康干预是当下环境健康经济问题研究的三大方向。效率与公平是现代经济社会发展中带有普适性的两大主题和原则,与此同时,效率和公平很难兼顾,因而公共部门和私人部门的介入显得尤为重要。环境健康经济学效率研究的主要内容为验证和评估环境污染因素在健康人力资本生产过程中所导致的效率损失,考察环境污染(包括气候变化)对健康的直接影响,以及对教育、劳动供给、劳动生产率和经济增长的影响;环境健康经济学的公平视角主要研究受环境影响的健康不平等问题,即环境因素是如何影响健康不平等及其背后的内在机理;环境健康经济学的干预视角涉及的是私人规避行为和公共干预,前者主要包括私人规避行为所导致的内生性问题识别与处理、私人规避行为的激励,后者包括公共干预手段对环境健康风险的影响及其社会经济效益评估,最后还包括两者之间的协调问题。

通过检索和统计两大文献库——社会科学引文索引(SSCI)和科学引文索引(SCI)的文献可以发现,以"污染"和"健康"为共同主题的文献呈逐年增加趋势。1999—2012 年,SSCI 文献库中发表的相关文献从 58 篇迅速增加到 315 篇,所占比重从 12.36% 增加至 16% 左右,年均篇数增长率为14.08%。SCI 文献库中发表的相关文献从 411 篇增加到 1706 篇,所占比重从 87.63% 降至 84% 左右,年均篇数增长率为 11.7%。虽然有关这一主题的研究依然为自然科学所"垄断",但是社会科学的力量在迅速增强,不容忽视。

对此,我们还进一步分析了 SSCI 文献库中经济学有关这一主题的研究概况。如表 2-1 所示,如果将"环境"和"健康"作为共同关键词提交到该数据库进行检索,可以发现,20 世纪以来相关的文献篇数为 5026 篇。进一步按照学科进行划分,经济相关学期刊刊发或者经济类论文的篇数为 888篇,占该领域总发表的 17.67%,这似乎反映了经济学在社会科学领域中对该问题的研究占相对主导地位,但是仍然与经济学所应扮演的"角色"不匹配;按照时间划分来看,经济学期刊刊发该主题的论文数或者该领域所刊发的经济类论文数量的上升主要是近二十余年的事情,表现为,在 2000年之前,经济学期刊刊发该主题的论文数或者该领域所刊发的经济类论文数量仅为 70 篇,占该领域文献数的 11.1%,之后该领域经济学论文数量飞速增加,这也表明,经济学对这一主题的关注是在近二十余年兴起的。

表 2-1　1900 年以来 SSCI 文献库发表有关"环境"和"健康"文献规模与结构

主　　题	1900—1990			1900—2000			1900—2018		
	SSCI	其中：经济类		SSCI	其中：经济类		SSCI	其中：经济类	
分　　类		研究方向	学科分类		研究方向	学科分类		研究方向	学科分类
健康	60159	2584	2003	374986	6223	5521	581206	32040	30240
污染	3754	620	800	6602	1568	1971	44836	6078	6863
"健康"和"污染"	182	10	12	633	70	101	5026	888	738

说明：数据来自于引文索引数据库 Web of Science（截至 2018 年 12 月 31 日）。

第三章　环境健康经济学研究理论体系

环境健康经济学以环境科学和医学中有关环境与健康关系的理论作为基础,综合运用经济学的研究范式来探讨环境变化过程中健康人力资本所受到的影响,以及由此引发的一系列经济社会效应。该理论的学理基础是环境科学和医学中有关环境与健康关系的理论,逻辑起点是环境对健康人力资本的影响,这是环境健康经济学理论的一个基本范畴。在这个逻辑起点基础上,环境对健康的影响,还可以进一步拓展到经济和社会两个层面,突出表现为环境健康对经济发展和社会再分配的影响,进而构成了环境健康经济学理论的两个重要支撑。面对环境对健康人力资本及经济社会所产生的不确定性影响和外部性,需要进一步建立一个全面、协调与可持续的干预体系(机制),因此,在环境健康以及经济社会效益的基础上,环境健康经济学还需要进一步研究环境健康政策的机制设计和政策干预议题。

第一节　环境健康经济学理论框架

环境健康经济模型的出发点是明确地认识个人在健康生产过程中能够发挥的直接和潜在的作用,特别是通过预防和改善行为而发挥的作用。健康经济学的开创者是 Grossman(1972),他率先提出并推导出了严谨的健康生产函数及其分析框架,之后 Cropper(1981)、Gerking and Stanley (1986)等在 Grossman 健康生产函数的基础上,通过考虑环境污染对健康人力资本折旧的影响,将环境污染因素纳入该生产函数中,并进行了严格检验。环境质量糟糕或环境污染严重的地区普遍面临着健康存量加速折旧的冲击,之后有关环境与健康关系的文献均在这一理论基础和起点上展开。

以下借用 Cropper(1981)、Gerking and Stanley(1986)、Zivin and Neidell (2012)等有关环境健康经济学的模型来分析纳入环境因素后的健康生产函数的运行机理。简单起见,将模型假定为一个具有典型代表性个人的健康生产函数,这个最简练的个人健康形式被表示为周围环境污染水平 P、暴露于污染条件下的个人规避行为 A,以及用于减少污染暴露健康危害的医疗服务 M 的函数(Harrington and Portney,1987):

$$H = H(P, M, A) \tag{3-1}$$

虽然规避行为和医疗服务消费均可以降低源于污染的健康负担,但是在时间和成本上均不具有明显的优势。规避行为往往是在污染暴露实现之前开展的预防措施,它的成本包括预防性的支出,如空气过滤,以及基于规避行为的时间再分配而产生的负面效应。相比之下,医疗服务消费往往发生在污染暴露产生疾病之后。医疗服务成本包括直接医疗费用(如医生出诊以及药物使用费用)和这些医疗服务所产生的负效应。

尽管避开正式动态模型具有复杂性,但是重新以一个非传统形式来表现健康生产函数可以更好地反映这些特征以及描述环境、健康以及劳动经济学中几类实证研究的关联性。需要指出的是,模型对个人健康 H 和疾病 ϕ 做了区分,具体的健康生产函数形式如下:

$$H = H(M(\phi), \phi(P, A)) \tag{3-2}$$

正如式(3-2)所示,污染水平和规避行为共同决定了受环境因素影响的疾病。相应地,个人的健康状况由疾病以及医疗支出共同决定。医疗支出的边际生产率在不同条件下差异较大,因而规避行为的相对重要性也会因为疾病类型以及污染物不同而存在差异。通常的凹性假设同样适用于健康函数,部分已经描述性地表现在式(3-2)中。

个体效用不仅依赖于健康,同时还依赖于消费(X)和休闲(L),即 $U(X, L, H)$。在健康生产函数中,劳动生产率被假定为以一个递减的速度增加。更为重要的是,个人需要在工作和闲暇之间分配时间,劳动生产率效应及其对工资的影响将导致工作小时数的调整。用 I 表示非工资性收入,w 表示工资,C_j 表示产品 j 的价格,T 表示总的时间禀赋,则个体效应最大化可以表示为

$$\max_{X, L, A, M} \Omega = U(X, L, H) + \lambda [I + w(H)[T - L] - c_X X - c_A A - c_M M] \tag{3-3}$$

一阶情况如下:

$$\frac{\partial \Omega}{\partial X} = \frac{\partial U}{\partial X} - \lambda c_X = 0 \tag{3-4}$$

$$\frac{\partial \Omega}{\partial L} = \frac{\partial U}{\partial L} - \lambda w = 0 \tag{3-5}$$

$$\frac{\partial \Omega}{\partial A} = \frac{\partial U}{\partial h}\left(\frac{\partial H}{\partial M}\frac{\partial M}{\partial \phi}\frac{\partial \phi}{\partial A} + \frac{\partial H}{\partial \phi}\frac{\partial \phi}{\partial A}\right) -$$

$$\lambda\left(c_A + \frac{\partial w}{\partial H}\left(\frac{\partial H}{\partial M}\frac{\partial M}{\partial \phi}\frac{\partial \phi}{\partial A} + \frac{\partial H}{\partial \phi}\frac{\partial \phi}{\partial A}\right)\right)[T - L] = 0 \qquad (3\text{-}6)$$

$$\frac{\partial \Omega}{\partial M} = \frac{\partial U}{\partial H}\frac{\partial H}{\partial M} - \lambda\left(c_M + \frac{\partial w}{\partial H}\frac{\partial H}{\partial M}[T - L]\right) = 0 \qquad (3\text{-}7)$$

式(3-4)和式(3-5)强调劳动和闲暇之间的标准替换。式(3-6)和式(3-7)合并可以得到：

$$\frac{\left(\dfrac{\mathrm{d}H}{\mathrm{d}A}\right)}{\left(\dfrac{\mathrm{d}H}{\mathrm{d}M}\right)} = \frac{c_A}{c_M} \qquad (3\text{-}8)$$

规避行为的边际健康生产率与医疗服务的边际健康生产率之比等于其价格之比。更为重要的是，式(3-4)至式(3-7)表明规避行为和医疗服务是所有内生变量的函数：$A(P, \varphi, c_j)$ 和 $M(P, \varphi, c_j)$。最优的规避行为和医疗支出将依赖于污染水平、污染转换为疾病的概率、规避成本、医疗服务及其他消费品。

因为规避行为和医疗服务消费依赖于污染水平，所以健康和污染水平之间的关系可以表示为

$$\frac{\mathrm{d}H}{\mathrm{d}P} = \underbrace{\left(\frac{\partial H}{\partial M}\frac{\partial M}{\partial \phi} + \frac{\partial H}{\partial \phi}\right)}_{\frac{\mathrm{d}H}{\mathrm{d}\phi}} \times \underbrace{\left(\frac{\partial \phi}{\partial P} + \frac{\partial \phi}{\partial A}\frac{\partial A}{\partial P}\right)}_{\frac{\mathrm{d}\phi}{\mathrm{d}P}} \qquad (3\text{-}9)$$

污染对人群健康效应的降低主要取决于两个独立因素，即污染与疾病之间的关系(即第二个括号内的表达式)以及疾病转化为更差健康地位的程度(即第一个括号内的表达式)。对于第二个括号内的表达式，$\frac{\partial \phi}{\partial P}$ 表示的是污染的纯微生物效应，$\frac{\partial \phi}{\partial A} \times \frac{\partial A}{\partial P}$ 描述的是规避行为在通过限制与污染物接触避免疾病过程中发挥的作用。第二个括号内的表达式整体 $\frac{\mathrm{d}\phi}{\mathrm{d}P}$ 描述的是基于个人暴露水平上的污染对疾病产生的净效益或者简化形式。重要的是，如果规避行为是充分有效的，那么即使存在微生物效应，也可以观察到疾病是不会有变化的；另一方面，如果规避行为不可能或者无效，那么微生物效应和降低形式效应将会被识别。

第一个括号内的表达式同样包括两部分，第一部分 $\frac{\partial H}{\partial M}\frac{\partial M}{\partial \phi}$ 描述的是医

疗、暴露后干预对环境污染健康负效应的缓解作用,第二部分$\dfrac{\partial H}{\partial \phi}$描述的是因污染而致病得不到有效治疗的程度,可能的原因是这种病状无法治疗,或者是个体没有选择治疗。

式(3-9)的主要意义是概念上的,数据的限制意味着这一领域的实证研究只能描绘出总体效应中的一部分,但是立足基础经济学理论,在一个统一的框架下,它涉及更为广泛的实证研究领域,不仅体现在环境领域,还体现在劳动力市场、教育生产和健康经济学方面,余下的部分以此为基础,回顾总结相关文献的贡献以及局限性。

基础模型得到的结论同样能够为政策制定提供指导。最优的环境监管要求在降低污染水平的监管成本和收益之间进行权衡,以实现社会福利最大化。政策设计必然涉及污染质量的规模经济以及用于降低污染而影响私人行动的成本和结果。设定监管成本为c_R,最优的监管将会产生在这个点,即用于降低污染水平的监管边际成本R等于边际减污相关的健康规避、风险规避和医疗成本。

$$\frac{\partial P}{\partial R}c_R = \frac{\partial w}{\partial H}\frac{\mathrm{d}H}{\mathrm{d}P} + \frac{\partial U}{\partial H}\frac{\mathrm{d}H}{\mathrm{d}P}\frac{1}{\lambda} + \frac{\partial A}{\partial P}c_A + \frac{\partial M}{\partial P}c_M \qquad (3\text{-}10)$$

减污技术的成本以及对污染水平的影响主要来源于工程学和经济学的一些研究,而对监管的收益测度主要是由经济学家主导。式(3-10)的右边可以看作减少(降低)污染的支付意愿。第一个式子反映的是污染对收入的影响,第二个式子表示的是由污染引发的疾病概率所产生的负效用,第三个式子捕捉的是规避成本,第四个式子代表的是污染引致的医疗支出。假定研究者估计式(3-9)的不同变量,那么当估计支付意愿时,每个变量都与式(3-10)有稍微不同的关系,这一点必须考虑到。进一步来看,即使规避或者改进能够将个体从健康的负效用中隔离出来,但如果边际成本能够充分地低于与此相关的个体行为收益,那么减污可能仍然是最优的。

第二节 环境健康经济学效率理论

环境健康经济学效率理论主要是指环境对健康人力资本的影响及其在此基础上对劳动力市场、教育质量、经济行为(包括储蓄、投资等)和经济增长的影响。环境污染已经成为影响经济发展的重要因素,环境健康经济学的研究视角可以进一步从人力资本领域延伸和拓展到经济增长领域。

从研究角度看,环境健康经济学效率理论绝非仅仅是以健康作为研究的重点,同时还探讨了环境、健康、经济、社会的互动协调发展。所以环境健康经济学的效率理论包含了两个层次的理论:第一层次主要为环境健康人力资本理论;第二层次为环境健康经济效应理论。第二层次建立在第一层次的基础上,即环境对经济发展的影响通过影响健康人力资本进行传导。

一、环境对健康人力资本的影响

环境科学和医学领域的相关理论和研究进展,确实指出了环境与健康之间的相关关系,但对于两者之间的因果关系及程度似乎并没有找到足够的证据(Currie et al.,2013)。但是,这并不妨碍经济学从理论上分析环境对健康人力资本的影响,至于两者之间的病理学关系,理应由医学研究来承担。环境对健康人力资本的影响是环境健康经济学的理论基础,所有有关环境健康的经济效益、福利效应和社会效应都是在此基础上形成的。具体说来,环境对健康人力资本的影响主要包括不同类型环境要素对不同人群的影响,环境健康经济学根据环境要素的类型,比如空气污染、水污染、气候变化等对健康的影响,并考虑不同人口群体的生理特征,进一步区分婴幼儿、成年人和老年人,同时采用恰当的方法将个体数据与辖区环境数据进行匹配,形成新的研究手段,为制定最优的环境政策提供了科学的依据。在方法上,相比较医学和环境科学,环境健康经济学可以通过寻找"准实验"机会来克服或者缓解两者间的内生性困扰,为这一领域的研究提供新的证据。

(一) 空气污染与婴幼儿健康

在不同的人群中,婴幼儿是最易受到污染影响的群体,在预期寿命不变的条件下,污染对婴幼儿的影响更为深远,表现为对婴幼儿及其后续成长过程的潜在影响。污染对婴幼儿健康的影响主要表现在体重、身高、生理机能方面,对婴幼儿成长过程的影响主要反映在对其以后身体发育、健康状况、学业成绩、学习表现、劳动力参与和劳动能力的影响上。由于婴幼儿的流动性较低、生命跨度短,可以大大降低对内生性的担忧。

本章也系统梳理了该领域的研究,发现许多研究关注了婴幼儿受到空气污染影响后在健康及以后人力资本积累上受到的潜在影响(Chay and Greenstone,2003)。Joyce et al.(1986)基于1977年美国城市的数据发现,二氧化硫可能会对婴幼儿特别是新生儿存活率产生系统性甚至决定性的影响,其对婴幼儿死亡率的影响主要通过降低新生儿体重进行传导;二氧化硫减少10%后产生的收益(据1977年货币价值)大致为0.54亿~10.9亿美元。Chay and Greenstone(2003)分析了空气污染中的总悬浮颗粒物浓度(TSPs)对婴幼儿死亡率的影响,美国的证据表明,该污染物浓度每上升1%,婴幼儿死亡率会上升0.35%,这种影响在婴儿出生后一个月表现得尤为明显,妇女怀孕期间暴露于污染中可能是导致这种影响产生的直接原因;不同肤色群体受到的影响存在差异,黑人婴幼儿对此更为敏感。越来越多的研究开始借助于一些准实验证据,来"干净"地识别污染对婴幼儿的影响,比如森林火灾和罢工,这两类事件均不会受到污染因素的直接影响和干扰。对此,相关研究也进一步验证了上述两类事件发生后,环境质量的变化及其对婴幼儿健康的影响(Jayachandran,2009;Lavaine and Neidell,2013)。总体上看,火灾发生后,污染浓度急剧上升,婴幼儿的存活率明显下降,这一点在贫困地区表现得更为明显,即不仅存在着巨大的健康代价,而且这种代价不均衡地分布于不同经济社会群体身上。罢工的原因往往跟劳务市场有关,与环境本身没有直接关联,罢工后,相关的厂矿会停产、减产甚至关闭,这就意味着排放到空气和水中的污染物会减少,在改善环境质量的同时,也带来一定的健康福利收益。这些文献只是利用火灾或者罢工等外生视角,不对两类事件作出评价,更主要是评估污染对婴幼儿健康的影响。此外,还有一些研究将空气监测数据和健康普查数据结合,探讨了两者间的关系。这些研究指出,对婴幼儿健康有影响的污染物质,除二氧化硫、总悬浮颗粒物外,还包括一氧化碳,这种影响的传导路径主要是产前孕妇的污染暴露,而且会在不同生活习惯(比如是否吸烟)的产妇身上产生不同影响。在更一般的框架下,Currie and Neidell(2005)检验了四种"标准"污染物的影响,一氧化碳和PM_{10}的减少挽救了超过1000个婴儿的生命,但是并没有发现污染对死胎、低出生体重和早产产生影响的证据。与此结论有一些不同,Coneus and Spiess(2012)将德国社会经济调查的面板数据与空气污染水平数据相结合,构建了一个新型匹配数据,发现如果出生前过度暴露于一氧化碳中,婴幼儿出生时的平均体重会低289克;在幼儿健康方面,神经系统紊乱特别是支气管炎和呼吸系统疾病更易受到臭氧的影响。

尽管许多发展中国家的空气污染是威胁其国民健康的一个严重问题,然而它们的环境规制却非常稀少,且在保持稳健经济增长的压力下政府处理环境污染问题的决心尤显不足。但是,还是有一些研究关注了发展中国家婴幼儿健康与污染之间的关系,并与发达国家进行了比较。Cesur et al.(2013)运用土耳其省级面板数据检验空气污染对婴儿死亡率的影响,借助天然气基础设施扩建导致污染下降的机会,发现天然气服务使用比例上升 1% 能挽救 348 个婴儿的生命。鉴于发达国家较低的空气污染水平,如果污染和死亡率之间为非线性关系,再或者如果发达国家和发展中国家的污染健康风险的规避成本存在较大差异,那么有关发达国家的结论将无法推广到发展中国家。在墨西哥,空气污染对婴幼儿健康的影响非常大,主要表现在一氧化碳、可吸入颗粒物等污染物上,其影响程度与发达国家的污染健康影响程度相差不大,但一氧化碳的影响会更大(Arceo-Gomez et al.,2012)。

（二）空气污染与一般人群健康

空气污染对一般群体健康的影响集中表现在死亡率和各类疾病的发病率上。与婴幼儿相比,一般人群由于污染暴露水平高,其健康与环境污染之间的关系更为复杂;另一方面,一般人群在空气污染暴露中,往往会主动进行规避行为的选择,进而使得研究者在识别环境污染健康效应时存在着低估的现象。

该领域早期的一些研究,主要是基于两者之间关系所进行的浓度反应线性回归分析,比如 Dominici et al.（2002）利用美国城市层面的污染与死亡率数据分析 PM_{10} 浓度与健康的关系,他们的研究确实发现了两者之间的线性关系。当然也可能存在低估的现象,比如一些研究发现,空气污染与成人健康之间的线性关系虽然存在,但不显著(Chay and Greenstone,2003)。来自中国的一些早期证据主要集中于医学和环境科学领域,这种现象在 2009 年之后得到转变,经济学开始展现其巨大的解释力和影响力,其中最负盛名的当属陈玉宇团队,其在 2013 年美国科学院院刊上发表的一篇文章首次从经济学视角评估了中国空气污染的影响,以中国南北方供暖政策差异所导致的污染在淮河沿线附近存在特殊跳跃的现象为论据,他们的研究发现环境污染确实带来了巨大的健康负担和福利损失,具体表现为,当总悬浮颗粒物每提高 100 微克/立方米,相关人群的预期寿命会降低三岁,主要通过呼吸系统和心肺疾病进行传导。在此之前,还有研究基于特定地区采用情景模拟和货币化估值的方法评估了污染健康损失的经济价值,污染的健康影响危害为 8 亿~17 亿元人民币,大约占到该地当年GDP（2000 年）的 4.9%(Zhang et al.,2010)。与日常商业情景相比,将化石燃料密集度限定在中低水平和拓展辖区热系统能够挽救 200~1100 个与 PM_{10} 相关的死亡数,并降低相关疾病的发病率。因此,在中国,今后如果能够设置更加严格的环境标准,将会带来巨大的健康收益,瞄准中低固定污染源进行整治的政策能够有效地减少健康损害。

事实上,空气污染对死亡率的影响是由其引发的各类疾病传导的,为进一步挖掘这一背后机理,更多的学者关注了空气污染对各类疾病的影响。当然,一些流行病学研究已经提供了这方面的证据(Evans and Smith,2005)。与医学和环境科学领域的研究相比,经济学在识别方法上具有相对优势,除传统的双重差分方法和安慰剂方法是在借鉴医学领域研究的基础上衍生出来的外,另一些重要的研究方法特别是背后的研究思路和思想反倒展现出经济学在识别环境与健康"因果关系"上的巨大生命力,这方面的研究不胜枚举,例如,Moretti and Neidell(2009)发现,臭氧对呼吸系统疾病有显著影响,基于港口城市的环境质量(特别是臭氧)很大一部分取决于轮船排放的污染物的多少,他们借助工具变量方法,将轮船进出港的次数作为该污染物的工具变量,该方法得到的结论比原有常规回归得到的结论影响要大。Lleras-Muney(2010)利用适应军队需要而进行军事转移所导致的居住地点变化这一外生事件,来识别污染对儿童因呼吸系统疾病而住院的随机效应影响,使用随军家属个体层面的数据和相关的控制变量来匹配带有邮政编码的污染数据,发现虽然臭氧对婴幼儿健康没有太大影响,但是对儿童健康产生了不良影响。当然,还有一些研究利用公路收费电子系统引入前后收费站附近交通拥堵情况的变化来分析其带来的环境质量改变。作为一个外生冲击,电子收费系统引入前后,收费站附近 2～10千米范围内的空气质量发生了较大变化,总体上看,电子系统引入后,附近空气质量得到了改善,越靠近收费站的地区,出现早产和低出生体重婴儿的概率下降得更为明显(Currie and Walker,2009)。Schlenker and Walker(2011)在"源于加利福尼亚州东海岸繁忙的飞机起降所导致的跑道拥堵,进而增加了加利福尼亚州机场每日污染水平"的研究中发现,人均污染水平每提高一个标准差,居住在加利福尼亚州 12 个大机场 10 千米范围内的居民将额外增加大概 100 万美元的呼吸道疾病和心脏病住院成本负担,相较于成年人,婴幼儿和老年人对空气污染更为敏感。此外,Beatty et al.(2011)运用双重差分法(DID)考察了校车减排计划对健康结果的影响。相比以前广泛的研究文献,该文的贡献在于聚焦一个精细化的视角来探讨局部减排计划,发现基于减排目的的校车改造计划显著降低了高危群体的支气管炎、哮喘和肺炎的发病率。初步保守估计,该项计划的收益成本比为7∶1～6∶1。Longo et al.(2008)研究了夏威夷基拉韦厄火山形成的火山硫化物污染(包括二氧化硫和硫酸盐微粒污染)的慢性暴露对人的心肺健康的影响。由于化石燃料的二氧化硫使用会导致大气组成结构发生改变,Kempa and Castanas(2008)以化石燃料使用所产生的空气污染物为例,探讨了空气污染物对健康的影响及其影响机制。

那么,空气污染所产生的疾病经济负担如何? 对此,Narayana and Narayan(2008)探讨了经济合作与发展组织(OECD)成员国家的环境质量对其人均医疗健康支出的短期和长期影响,发现收入和一氧化碳对健康支出有显著的正向影响,但是从长期来看,硫氧化物同样有着显著的正向影响。Patankar(2011)进一步考察了发展中国家空气污染产生的疾病货币负担,发现与空气污染相关的健康影响的货币负担主要由居民承担,尤其对那些贫穷家庭来说更为明显,健康医疗保障的可及性和可支付性显得尤为重要。

(三) 水污染与健康

由于数据限制,大部分研究集中于空气污染的影响,但是仍有部分学者评估水污染对健康的影响,主要表现在饮用水环境对人体健康的影响上。与空气污染类似,水污染对人体健康影响最明显地体现在婴幼儿群体中,对美国婴幼儿死亡率与水污染的相关性进行研究的早期文献,主要集中于水管材料的选择所带来的潜在污染危害,2003 年的一项研究主要基于马萨诸塞州的数据,比较了是否使用铅性水管对婴儿死亡率的影响。总体上看,使用铅水管的家庭中,婴幼儿死亡率会上升 4 倍左右,这一研究随后也得到了 Clay et al. (2010) 和 Currie et al. (2013)的证实。前者发现,如果通过更改水管材料使得铅管暴露水平每下降 1%,相应的婴幼儿死亡率可以下降10% ~30%,每万名婴幼儿中可以挽救至少 120 名婴幼儿的生命;后者的研究发现,有害污染饮用水几乎对所有儿童的影响较小,但对教育程度较低母亲的妊娠有较大影响,受污染物影响更多的母亲往往最不倾向于调整生育间隔,以及对污染作出反应并采取应对措施。

在发展中国家,公众的水污染暴露水平可能更高,两篇典型的文章分别探讨了水污染对印度和中国居民健康的影响。Srinivasan et al. (2009)发现,在印度,由于工业发展和相关污染处理设施落后,大部分村庄主要使用废水来进行灌溉,这一比重居高不下。受此影响,成人和妇女的发病率分别显著高于儿童和成年男性的发病率,暴露于污水以及在此基础上进行活动,使得住户成为报告发病率中风险较高的群体,小型村庄和边缘农民面临着更高的疾病经济成本。淮河被认为是中国内陆污染严重的河流之一,中国疾病预防控制中心等(2014)首次证实了癌症高发与水污染的直接关系,尽管自 2005 年以来淮河水质出现了好转迹象,但由于癌症的症状往往需要在接触污染很多年后才会出现,因而该地区癌症高发的现象可能持续至少 10 年。在这之前,经济学家 Ebenstein(2012)使用中国疾病控制中心对淮河流域的疾病监测数据发现,如果将水质分为六档(等级),水质每上升一个等级,所带来和导致的消化系统癌症发病率可能会下降10%左右;进一步的成本收益核算发现,如果中国支出的废水排污费增加一倍,那么将挽救17000多人的生命,但中国需要额外支付500亿美元的废水处理费。

　　农业生产过程中大量使用农药、化肥产生了复杂且多重负外部性,从食品安全领域到农业生态系统的恶化皆是如此,接触农药所引发的死亡率和疾病发病率在发展中国家呈现增加趋势(Wilson and Tisdell,2001)。Travisia and Nijkamp(2008)的研究发现,农药使用会带来农业多样性减少、地下水污染、土壤污染等问题,并由此对人体产生危害。除此之外,农药对人体健康的影响还会通过农药残留于农作物中进而引致一系列的食源性疾病来传导(徐明焕,2013)。食源性疾病所覆盖的范围非常广泛,危害也非常深远,一般分为感染性和中毒性(世界卫生组织,2013),前者包括肠道传染病、寄生虫病以及有毒有害化学物质引起的疾病,食源性发病率居各类疾病发病率前列,也被世界卫生组织列为世界最突出的卫生疾病问题。而环境污染是引起食源性疾病的前五大风险因素之一,大致占25%。但是经济学对这方面的研究还存在明显不足,实际上,经济学至少可以在农业生产要素投入与创新、农产品安全追溯制度、农户生态生产意愿及补偿等方面贡献自己的力量(Travisia and Nijkamp,2008)。

　　(四) 气候变化与健康

　　气候是人类赖以生存的基本环境,其变化的程度深刻地影响着人们的工作、生活以及经济社会福利。但是,由于其系统的复杂性和多样性,气候变化所带来的影响比传统的环境质量因素更大,气候变化的影响更是全面且深远的。特别是,气候变化会通过多种渠道影响人体健康。Hübler et al.(2008)定量研究德国气候变化所引发的健康风险,发现炎热天气所引发的健康风险平均增幅超过了3倍,住院费用增加了6倍(不包括门诊费用),还进一步降低了劳动效率,产出损失占国内生产总值的0.1% ~ 0.5%。一般来讲,气候变化影响到人体健康主要是通过气温进行传导,主要体现在酷暑和严寒两个方面,Deschênes and Moretti (2007,2011)提供了酷暑和严寒天气对死亡率影响的全面证据。

　　在评估气候变化所带来的健康威胁时需要关注其中的"适应性"因素。适应性可以被定义为应对实际或者预期气候影响而在自然和人类系统中作出的调整(IPCC,2007)。从实践的角度来看,适应性主要是指人们在面对多变的气候天气和极端气候事件时为了规避和缓解其对健康所带来的不利影响,而采取的一系列举措在行为方面的体现。通常情况下,适应性主要包括个体适应性和组织适应性,前者包括个人和家庭层面的适应性,后者主要涉及社区、地区层面的行为。同时,许多适应性可能只存在于短期(空调的使用、迁移),也有一些适应性只存在于长期(城市空间的重新设计)。Olivier and Greenstone(2011)首次大规模地测度了由于气候变化所引起的与健康相关的福利成本变化,发现类似商业周期的气候变化总体上导致了美国年度死亡率从0.5%上升到20世纪末的1.7%,在20世纪末气候变化增加了15%~30%的年度能源消费(按照2006年美元价格计算为150亿~350亿美元)。进一步来看,死亡率和能源影响的估计夸大了对这些结果的长期影响,因为个体可能会选择一个适应性的措施来降低长期成本。此外,Deschenes(2012)进一步对有关健康结果、温度和极端气温适应之间关系的实证文献进行了回顾总结,提出了与测度极端气候对健康影响相关的概念和方法,并指出适应性措施所发挥的作用。

设计最优的缓和气候变化的政策要求科学地评估温室气体所带来的健康成本和其他收益(世界卫生组织,2003),而概念和数据问题制约着相关研究工作的开展和后续的政策设计。在概念理念层面,健康生产函数或健康方程或健康模型表明人们往往会通过购买缓解健康危害的商品来对气候变化所造成的健康威胁进行预防,个人还可能通过完全的"自我保护"来使得气候变化不会影响测度的健康结果。因而,任何单一关注健康结果的分析都可能会错误地得到气候变化对福利没有任何影响的结论。在数据方面,至少还存在三方面的问题:一是气温与死亡率之间的关系是复杂与动态的,进而使得两者之间的短期关系和长期关系存在着显著的差别(Deschênes and Moretti,2007);二是个人的居住选择——决定着气候的暴露水平——与健康和社会经济地位相关,居住选择的方式将使得揭示气温与死亡率之间的随机关系显得困难重重;三是气温与健康之间的关系是非线性的,这在不同年龄群体之间和其他人口学特征之间尤为明显。

以上学者从经济学研究的视角再次证实了环境因素确实是影响健康的重要因素,而且不同污染物之间的影响机制是存在差异的,环境污染和气候变化的健康成本是巨大的,而且成本的分布可能会存在着不对等(本章第三节将从"公平视角"作具体的分析)。

二、环境、健康与教育质量

健康与教育是人力资本的两个重要源泉,健康与教育之间有着天然和必然的联系,良好的健康状况是进行教育人力资本积累的基础和前提。良好的教育人力资本有助于人们更好地(包括经济成本更低地)塑造健康,教育与健康之间相互影响,彼此互为倚靠。

学校被广泛地视为提高人力资本的重要工具,因病失学可能会不利于教育人力资本积累。空气污染可能是一些儿童缺勤的原因,缺勤也常被用于代理学生的健康状况,因为有大量疾病并不需要住院治疗,这样的病人往往选择在家休养,因而缺勤数据为观察疾病提供了良好的窗口。早期研究中比较经典的当属 Ransom and Pope (1992),他们检验了 PM_{10} 对犹他谷学校缺勤的影响。他们利用该地区最大的钢铁厂关闭所引发的污染水平下降这一准外生性试验,发现当 PM_{10} 从 50 微克每立方米上升到 77 微克每立方米时,缺勤率增加了 54%~77%;由于颗粒物暴露的原因,样本中 1% 的学生选择了缺勤,较高的 PM_{10} 浓度水平对缺勤的影响将持续 3~4 周。第二个比较典型的研究是由 Gilliland et al. (2001) 完成的,使用来自儿童健康调查的数据来研究污染对缺勤的影响。这些研究者发现臭氧每增加 20/10 亿,疾病所引起的缺勤率将增加 63%,呼吸系统疾病所引起的缺勤率将增加 83%,缺勤率在污染出现五天之后达到高峰。

污染会影响儿童集中注意力的能力,还会直接影响其大脑发育,进一步影响其学业成绩,而后者是教育经济学尤其是教育生产函数所关注的核心。Zweig et al. (2009) 把儿童健康研究(CHS)中的数据进行了整合,梳理了详细的污染数据和测试成绩数据,他们发现 $PM_{2.5}$ 每减少 10%,数学成绩会提高 0.14%,阅读成绩会提高 0.21%。Lavy et al. (2012) 将以色列高中生的正式考试成绩与详细的环境监测数据合并起来,利用学生固定效应,发现每增加 10 个单位的 $PM_{2.5}$ 浓度,测试成绩的标准差就会减少 1.9%,每增加 10 个单位的一氧化碳浓度,测试成绩的标准差会降低 2.4%,这两项实验都强调空气污染会对学生的感知能力产生重要影响。由于早期的污染暴露可能潜伏并进一步影响后续的健康和教育结果,对此,Sanders(2011)评估了孕妇在产前暴露于悬浮颗粒污染物中对孩子后期教育结果(质量)的影响,发现平均污染水平每下降 1 个标准差,相应的高中标准化考试成绩提高 1.87%,使用工具变量策略的结果大约是普通 OLS 方法的 3.7 倍,这表明在环境污染的教育结果影响评估测度中可能存在着一定程度的估计误差。

与传统的医学健康分析框架相比,经济学的分析框架往往会考虑到:当污染影响到儿童的就学环境和学习环境时,家庭往往会采取一些措施来应对或者规避这一不利影响,比如重新选择居住地、戴口罩、暂时性休学等。那么,也就无法识别缺勤、迟到、转学到底是由污染直接导致的健康风险所引起还是由规避行为所引起。但是,在一定程度上,学生选择离开学校均是为了规避污染,学生及家长均会产生相应的成本。在评估污染的总成本时,有利于捕捉规避行为的类型以及污染对疾病的直接影响(Currie et al.,2009),进一步地,作者为了克服这些问题以及识别随机效应,采用三重差分(difference-in-difference-in-differences,DDD)策略,来保障学校特征、考勤区间及这些相互作用的变量不变,发现污染确实会影响学校出勤,较高的一氧化碳水平(即使低于美国环保局监管阈值)也会增加缺勤率。以上结果表明,环境对健康的影响会进一步延伸到教育人力资本,环境保护具有双重的人力资本红利效应。

三、环境、健康与劳动生产率

作为主要的生产要素,劳动力是每个国家经济中的基本要素。投资人力资本被广泛地看作保持经济和劳动力可持续增长的关键。健康日益被看作人力资本的重要组成部分,因此改善健康的环境保护(干预)也逐渐被关注。事实上,这种干预主要是通过对生产者和消费者征税,从而影响劳动力市场和经济。由于有大量证据证明污染和不良健康后果有关系(Chay and Greenstone,2003;Currie and Neidell,2005),所以把致力于降低污染的努力看作对人力资本的投资,且这一行为会促进而不是拖累经济增长的观点似乎是合理的。

理解污染与工作时间减少之间的关系对于评估更加严厉的环境监管收益具有重要意义。污染对工作时间的影响在理论上是模棱两可的,伴随着空气质量的改善,个人不太可能缺勤工作。但是,依然有许多原因可以解释污染降低并不会增加工作时间。首先,污染对成人健康的影响不太可能大到足够影响其出勤,或者个人针对高污染时期已经采取了相应的规避行为(如待在家中);其次,污染可能会额外影响来自休闲和健康相关产品消费所带来的效应,例如,个人由于偏好健康的生活模式而选择休闲,或者当环境质量改善时,个体或者家庭可能会通过减少工作时间而非选择健康产品消费来规避这一风险,如果这些效应足够大,那么污染对工作时间的总效应甚至可能为负(Zivin and Neidell,2012)。最后,由于污染降低所带来的个人生产率的提高,可能会增加工资潜力,这对工作时间长度的影响是模棱两可的。因此,污染和工作时间的关系归根结底可能属于一个经验实证问题。一项来自墨西哥的准实验证据(Hanna and Oliva,2011)发现。如果由非环境因素导致的大型精炼厂关闭,周边地区相应的污染水平会下降7%~9%,而工人工作时间会相应增加4%~6%,环境改善所带来的出勤率提高和工作效率的提升,会在一定程度上抵消精炼厂关闭或者减产所带来的额外损失,前者的收益大概为800美元/每人。相反,污染的加剧会导致劳动者选择减少劳动供给,这是因为污染不仅会导致生产效率的降低,而且还会带来健康方面额外的负担,得不偿失(Carson et al.,2011)。

不难发现,上述研究的关注点主要集中于高显示度的劳动市场污染对劳动供给的影响,即广度边际(extensive margin),且行为反应是非边际的。但是,污染也可能在集约边际(intensive margin)上对生产率产生影响,即使在劳动供给不受影响的情况下亦是如此。由于对工人生产率的监控难度远远高于劳动力供给,工作场所的一些微妙影响可能非常普遍,因此即使是非常微小的个人效应也可能转化成总体经济中的巨大福利损失。当然,估计污染与生产率之间的关系面临着两个问题:一是,虽然有数据集统计了工人人均产出,但是这些数据没有把工人产出与其他投入(如资本和科技)分离开来,因此获得工人生产率的净值是多年来的一个难点。二是,污染暴露水平是典型内生的。因为污染被资本化为住房价格(Chay and Greenstone,2003),因此个人可能会根据他们的收入水平选择空气质量更高的地区居住,而收入是个人生产率的函数。再者,尽管环境污染是外生的,但是人们可以通过减少户外活动时间来对污染作出反应,因此污染暴露是内生的(Moretti and Neidell,2009)。对此,Zivin and Neidell(2012)运用农场工人层面的面板数据进行了识别,使用农场工人数据,主要是因为农业工人劳动力市场的弹性相对较小,其规避行为几乎很少存在,使得内生性问题大大缓解,从而进一步将个体层面的数据与气象和环境监测数据匹配,构建起生产率与臭氧浓度之间的线性回归模型。研究者发现臭氧浓度上升 20/百万,相应的工人生产率会下降 11%,研究者最后指出,单纯地把环境保护的一般特征(如对生产者和消费者征收环境税),与环境质量改善所带来的消费收益进行权衡可能会产生误导。环境保护也可以看作人力资本投资,其对经济增长和企业生产率的影响应该纳入决策者的考虑范围。此外,一项水污染与劳动力市场关系的研究也发现,饮用水水管如果使用铅管,会降低工人的劳动供给和生产率,进而影响其收入,这其中的传导机制主要体现在工人的健康上(Clay et al.,2010)。

四、环境、健康与经济增长

在环境经济学、健康经济学和教育经济学的文献中(如上述梳理和阐述),生态环境质量确实会通过健康(包括身体健康和心理健康)、认知能力、教育质量、劳动参与来影响微观个体的行为绩效和组织行为绩效。在理论化的分析框架和模型中,可以将上述传导机制一般化,进而刻画出环境对健康人力资本的影响,以及在此基础上讨论对经济增长的影响。探讨环境健康对经济增长的影响,需要解决三大问题:一是如何将环境对健康的影响如何纳入增长模型中;二是环境对健康的影响是否只能通过影响人力资本或者劳动力来传导至经济增长;三是考虑环境健康效应时,最优或者次优的经济增长路径是什么。

对于第一类问题,早期研究是通过将环境质量(污染)影响人力资本折旧进行传导,比如 Smulders and Gradus(1996)就在卢卡斯模型中考虑了环境健康人力资本折旧的因素。这说明,改善环境有助于延缓人力资本折旧,还可以放大环境对人力资本的积极作用。如果进一步考虑生产因素,比如污染既产生于生产部门,又会影响生产部门中劳动力的生产能力,那么在人力资本积累部门会影响个体的学习能力。如果污染影响到学习能力,为了弱化污染带来的影响,通过开征或者提高环境税,可以在一定程度上平衡经济增长与资本积累之间的关系。

对于第二类问题,环境对健康的影响并不完全通过影响人力资本或者劳动力进行传导,还会影响资源配置的结构和偏好,当然,其前提依然是承认环境对健康的影响。比如,有研究指出,如果个人的预期寿命取决于健康投资(包括公共部门和私人部门投资)和环境状况(包括自然环境和污染环境),绿色环境偏好会形成对要素资源配置结构的影响,而且还会在长期增长中影响福利的改进(Pautrel,2009)。这方面的文献主要集中在卢卡斯模型和 AK 增长模型中,也有一些研究引入了"代际转换效应",来考虑绿色偏好影响环境政策,环境政策进而影响经济增长(Chakraborty,2004;Gutierrez,2008;Jouvet et al.,2010;Mariani et al.,2010)。

对于第三类问题,如何寻找环境健康框架下的最优增长率或者稳态均衡结果至关重要。这是因为,这一过程必然涉及多个组合的权衡,包括人力资本与物质资本、健康与环境、环境与发展,等等。Jouvet et al.(2010)致力于最大化社会福利的政策选择,在个人无法内部化其决策行为对环境质量影响的背景下,最大化社会福利的政府应该制定两个政策:一是对资本收入征税以降低污染的影响,二是对医疗消费征税以消除拥挤效应。Mariani et al.(2010)发现了寿命与环境质量之间的积极关系,在一个多重稳态均衡的分析框架中,他们发现了两者之间相互转换的自我循环发展陷阱,这取决于发展的起点和稳态水平是否可能会被打破。此外,如果进一步考虑公共资源在健康和污染减排之间进行结构设计时,这样的稳态均衡可能会被改变,合理的公共政策设计(或者称为"科学公共支出结构")可以在高稳态水平下实现均衡,进而有助于打破之前多次提到的低水平的发展陷阱和恶性循环。同时还能够最小化陷入这一恶性循环陷阱的门槛值,实现均衡水平下福利最大化、成本最小化。Palivos and Varvarigos（2010）按照一个两期世代交叠模型，分析了减排技术在经济中发挥的核心作用：只有将部分资源投入减排活动中，才会实现严格意义上的长期经济增长；并且再次强调了降低陷入贫困陷阱的作用。这一结论在 Mariani et al.（2010）的研究中也得到了证实，而且还进一步证实了多重均衡之间如何实现转换。对于广大发展中国家而言，由于发展起步水平较低，污染减排技术较为落后，相应的环境监管政策大多属于行政管制型，减排技术难以发挥弱化污染外部性和减少环境健康损害的作用，而监管政策又往往缺乏相应的内生激励机制，使得发展中国家在工业化的早中期容易陷入"污染—增长"的陷阱中无法自拔。Aloi and Tournemaine（2011）将减排技术纳入"增长—污染"的三部门模型中，同时考虑监管政策的作用，评估了相应的效应，提出了对发展中国家来说尤须警惕的重要问题。更具体而言，在一个人的生命周期中，年轻一代相对健康，老年一代所面临的健康风险更大，这是自然规律。相应地，老年一代和年轻一代在医疗支出的偏好上存在差异，年轻人倾向于采取预防性的储蓄措施来应对步入老年后所面临的不确定的健康风险，而老年一代倾向于当期进行医疗健康支出。当老龄化程度变高时，会进一步激励年轻人更多地储蓄，在绿色金融制度未建立的情况下，更高的储蓄会使得资本更多地流向生产部门，进而带来"污染—健康—储蓄—增长—污染"的循环（Wang et al., 2013）。事实上，Soretz（2003）也指出，伴随着不确定性上升，个体将选择更强的健康风险规避行为进而增加预防性储蓄，在这种情况下可能会将污染减排支出挤出，导致污染进一步上升。即使医疗政策较为完善，也同样会面临环境与健康的取舍，年轻的一代往往更倾向于支持增加环境保护支出而使其在更长的生命周期中获益，而年老者更倾向于增加当期的健康支出，这种情况伴随着老龄化问题的出现及加重将进一步凸显。

当考虑到环境污染对健康的影响时，有关环境税（污染税）经济福利效应的研究也需要进一步修正。之前的文献指出了在预先存在的扭曲性税收中，环境税有两种截然不同的成本影响。一些早期的研究认为，在这样的背景下，污染税的成本比较低，这是因为污染税收入可能会取代来自扭曲性税收的收入，进而增加福利，这也被称为收入循环效应（Repetto et al.，1992）。之后的文献则提出了税收交互效应，污染税能够提高消费品价格进而带来实际工资收入的下降。在这样的情况下，劳动者可能会选择更多的休闲而将更少时间投入到工作中，最终会加剧劳动力市场的税收扭曲，提高环境税的成本从而增加效率损失（Schwartz and Repetto，2000）。与早期研究在偏好上有着严格的假设并且忽视污染、健康和劳动生产率之间的关系相比,Williams Ⅲ(2002)发展了一个可分析的一般均衡模型。该模型指出,降低污染具有许多潜在的收益,比如改善健康和生产力。这些收益会影响劳动力供给以及创造一个收益端的税收交互效应,大致与成本端的交互效应相同:如果环境改善(污染下降),相应的劳动生产率会提高,收入也会增加;如果污染加剧,危害到健康,进而会导致收入的下降。之后,Williams Ⅲ(2003)还进一步重新评估了污染健康效应的含义,明确指出了健康损害影响劳动力供给的两个渠道,分别是改变支出结构和居民的时间配置结构。当环境健康效应直接影响劳动力市场时(主要是劳动力的供给),将会产生一个意外的结果——收益端的税收交互效应。Anni Huhtata and Eva Samakovlis(2007)还提供了当污染通过影响健康和激励健康支出进而影响经济增长时的福利测度理论框架,发现氮氧化物排放所产生的负向健康影响大约占 GDP 的 0.6% 和该地区氮氧化物税收的65%。以上研究,从不同角度强调了环境健康效应在稳态增长中的重要作用,而且表明相应的环境监管对均衡结果也会产生影响。

第三节　环境健康经济学公平理论

无论是在以往的理论研究还是在过去的环境和健康政策制定中,无论是国内公共部门还是一些国际组织,似乎都认识到了环境与健康问题的重要性,但是仍存在着一些重要的遗漏点。一是环境与健康往往被分别甚至是被区别看待,即没有有效地在政策和理论研究中构架起两者之间的科学联系或关联;二是绝大多数关注两者关系的政策和研究,往往止步于两者之间关系的程度和因果关系识别上,而对两者关系背后的、深层次的公平问题似乎没有进行有效识别,使得现有的公平政策设计忽视了环境健康公平议题,导致无论是在讨论环境公平还是在讨论健康公平问题时,都存在巨大的遗漏风险。由于健康状况不佳和医疗负担更多是由贫困人群承担,因此研究疾病的环境来源不仅能改善健康状况,还有助于缩减不平等、减少贫困和社会冲突。加强对环境健康问题的研究、制定有效的环境健康政策已经成为各国可持续发展战略中极为重要的组成部分。由于环境健康公平现象的隐蔽性和潜伏性,与环境健康效率的研究相比,对该议题的研究关注相对较少,尤为零散。本书通过梳理相关经济学和社会学的文献,从公平视角系统总结环境健康公平议题中的微观机制、"环境健康贫困"陷阱问题;并在此基础上,对有关中国环境健康公平问题的研究进行探讨,以便为更广泛和更深入地拓展环境健康公平研究提供理论支持以及相关的政策启示。

一、环境健康公平理论的两大微观影响机制

健康领域的不平等是当今社会面临的一个普遍性问题,处于社会经济劣势地位的群体所遭受的健康问题可能更为严重。尽管影响健康不平等的诸多因素已经得到了确定,但是仍然有许多因素需要做进一步的解释。环境对健康及不平等的影响不仅涉及人力资本积累,而且还关乎社会公平正义,这一点尤为重要。无论是环境公正还是环境公平,其在社会伦理和社会现实两个维度均有着特殊的价值和意义。比如在社会现实方面,可以通过关注这一议题寻找社会不公平的新来源,进而促进政策的改良和制度的创新;在社会伦理方面,有助于清晰地识别环境风险的来源、分布和成本收益的分担及其背后的驱动机制。环境影响健康的平等性主要是通过两种机制独立或者混合发挥作用。第一种机制是差异化暴露水平,是指相较于一些群体,另一些群体更容易暴露在环境污染之中。环境对健康的影响在很大程度上取决于暴露在污染风险中的概率,如果所处的外部环境不变,当环境质量恶化所带来的暴露在污染中的概率上升或暴露在污染中的程度加剧,其所产生的环境健康风险和危害可能会更大,这反映的是污染暴露源头的差异。第二种机制是差异化健康效应,是指当暴露于同等环境污染之中,一些群体的健康更容易受到环境的影响。无论是通过第一种机制还是第二种机制,群体的社会经济地位和所享受到的公共服务都发挥着重要的调节作用。

(一) 差异化的污染暴露

有关差异化污染暴露的研究大多集中于欧美国家,近三十年来,美国的社会科学家特别关注种族在决定污染暴露以及污染生产企业分布中发挥的作用。20 世纪七八十年代欧美地区掀起的环保运动多与废弃物存放的选址相关,环境健康公平的概念也主要源自 20 世纪 70 年代欧美社区和族群的"草根"运动,以保障公民的生存健康权为目标。由开始时的一些少数民族和低收入者抗议有毒物和化工厂选址,逐步发展为主要关注避免因遭受环境污染而影响部分人口的健康。自 21 世纪初以来,几乎每一个主要研究都指出,少数族裔不成比例地暴露于环境污染和危害之中,这种影响在不同收入水平上持续存在。

为什么环境危害或者环境健康风险会不成比例地落到中低收入群体和少数族裔身上,原因有很多。一方面,经济收入水平较低往往决定了这

些群体没有更多的选择权去寻找更好的居住地和工作地,其本身暴露在污染中的概率更高、程度更深;更为重要的是,由于收入水平低,使得其缺乏足够的能力采取一些规避健康风险的举措,这一群体在面临同等的污染暴露水平时,所受到的健康危害可能更大。另一方面,社会地位也决定了低收入水平群体在决定公共资源配置方面缺乏话语权,在私人规避行为缺失的情况下,公共资源的缺失或者配置不当,会进一步加剧这些群体的风险。当然,这也并非一成不变,特别对于后者,主要取决于决策的机制。在方法上,传统的环境健康效率方面的文献大多采用一些比较直观的回归分析范式,而环境健康公平方面的研究则需要融入一些统计和地理信息系统的分析方法,这源于后者更多强调的是资源配置的公平问题。当然这其中有一项重要的技术,即地理信息系统(Geographic Information System,GIS)方法,该方法可以有效地将空间单位与污染源或者污染危害物之间的关系进行精确测度,比如测算两者之间的地理距离和经济距离,或者应用于复杂的大气模型中。运用该项技术,根据设施周边外部性的半径和流行病学研究方面的假设,可以对污染风险的暴露分布情况制图。

(二) 差异化健康效应(污染—剂量反应)

差异化健康效应,是指暴露于同等环境污染之中,一些群体的健康更容易受到环境的影响,这种差异的来源依然有两方面:一是经济收入水平;二是社会经济地位。特别是对于一些包容性制度较弱的国家和地区而言,经济社会地位低的群体享受到的公共服务资源,尤其是医疗资源往往相对匮乏,在面临环境健康风险时,缺乏有效的公共干预机制。这其中还有一点尤须指出的是,有一些特定的群体由于长期缺乏有效的健康保障机制和长期的累积效应,使得自己在面临同样的环境污染时,相比其他群体,其自身的健康更容易受到影响,即健康对环境污染的反应程度更明显,也称之为"人体易感染性"。在医学上,"人体易感染性"是反映身体健康状况最原始的指标之一,在环境污染的条件下,本质上反映的是当面临外部环境污染的干扰时,由于身体本身的脆弱性,使得其生理变化更为敏感且直接,最后会反映在一系列的健康指标上。这种"人体易感染性"主要受到人体固有特征和后天特征作用的影响,前者具有先天性,而后者则更多地与经济社会属性密切相关。

从理论上讲,收入不平等可以直接影响居民健康,其中的传导机制体现在绝对收入假说、相对收入假说、社会心理假说和新唯物主义假说中,无论是理论研究还是实证研究,得出的结论并不一致。但是当把环境因素作为第五种机制纳入模型进行分析时,得到的结论却是相当稳健的,收入不平等对环境质量产生了显著的负面效应,而环境质量下降进一步恶化了居民的健康水平。当把环境质量因素作为自变量纳入回归中,收入不平等对健康的影响出现明显下降,这表明环境质量是收入不平等影响健康水平的重要传导机制。差异化的受影响性已经超越空气污染本身去解释空气污染的健康效应为什么在不同社会阶层上存在差异。居住在高污染水平地区的居民不一定意味着所面临的污染暴露风险就越高,对于其中一些群体而言,可以通过在多个居住地之间权衡取舍进行决策,他们也会花更少的时间在受污染的居住地。如果没有考虑这些,那么有可能导致暴露的不当分类,虽然富裕的社会阶层可能居住在中心地区,这些地区空气污染更重,但是富裕社会阶层的长期暴露却有可能被高估。相反贫困地区居住者的旧房子往往通风不良,室内污染浓度可能更高,而且,他们可能更倾向于花费更多时间接近交通站。因此,这些群体真实的日均暴露和长期暴露可能被低估。很显然,贫困群体往往更易遭受多种类型的环境暴露的影响。较低社会经济地位的居民由于其"易感染性"更强,所表现出来的环境污染的健康风险或者健康疾病发病率更高,所以也被视为敏感性更强。

综上所述,无论是环境恶化还是环境改善,由于经济收入水平和经济社会地区的差异,环境污染与健康之间的关系会在不同群体之间产生较大的差异,只不过这种差异会随着环境质量的改善而缩小,随着环境污染的加剧而扩大。总体上看,改善环境对所有居民都是有利的,对中低收入群体而言,环境的恶化对其尤为不利,环境污染及其风险具有一定的"亲贫性",这也是环境健康公平理论的核心要义。

二、环境健康公平视角下的"环境健康贫困"陷阱

"环境健康贫困"陷阱具有微观个体层面和宏观国家(地区)层面的意义,其主要是指国家(个体或地区)会通过一定程度的经济发展来实现起步,但是由于资源禀赋的差异和制度设计的差别,起步阶段的环境质量(污染)会随着经济发展水平的提高而恶化(加剧),会对居民健康福利产生影响。由于早期禀赋能力缺陷和制度设计不足,有的国家(地区或个体)会适度投入资源或者进行制度安排来进行干预,尽管如此,依然难以抵消污染对健康福利产生的负面影响。如果环境污染没有尽快地跨过拐点或者门槛值,而是始终徘徊在低发展阶段,这种由于低发展阶段所带来的"增长—污染—健康"之间的关系会产生恶性循环进而形成"锁定效应",使得这些国家(地区或个体)不得不拿出更多的经济发展成果来抵消或者治理相应的健康风险,迫使原有经济增长路径中的资本投入出现下降,进一步

加剧这种恶性循环,这就是所谓的"环境健康贫困"陷阱。

早期的少量研究也或多或少地关注到了这一问题,Mariani(2010)提出了预期寿命和环境质量共同决定的世代交叠(OLG)模型,代理人根据他们的预期寿命,投资于环境保护,相应地,环境状况也会影响到预期寿命。因此,长期和转轨路径都将在预期寿命和环境质量之间产生积极关系。相应地,多重均衡会出现,一些国家会陷入低预期寿命和低环境质量的陷阱中,这一结果将伴随着预期寿命和环境绩效两种典型化事实的出现。有研究者还进一步讨论了由个体选择所产生的代际外部性的福利和政策含义。同样在一个OLG模型中,人力资本依赖于当前的环境,主要体现为影响儿童入学。相应地,环境质量依赖于人力资本,主要表现在人可以进行环境保护和环境污染。这种双向因果关系产生了人力资本和环境质量的协同推进,并诱导了以"低人力资本水平和恶化环境质量"为特征的环境贫困陷阱的出现。这一研究结果与实证所观察到的对环境库兹涅茨曲线(Environment Kuznets Curve,EKC)的存在性的质疑是一致的。如果初始条件糟糕,经济体易陷入贫困陷阱中。收入增长而环境恶化,环境质量的恶化会对儿童健康和儿童入学产生不利影响,因此,教育支出的生产率将会受影响,人力资本积累可能会放缓,经济体或将不能达到经济改善和环境质量好转协同出现时的收入门槛值。相反,如果初始条件较好,那么将经历倒U形的动态模式,并沿着可持续的增长路径发展。研究者提出了逃离环境贫困陷阱的几个方案,如支持人力资本积累、调整教育支出的人力资本弹性和强化医疗技术。在环境政策上,研究者提出了逃离贫困陷阱的一系列排污税政策。在经验研究中,Neidell(2004)研究了生态型传染病所引发的贫困陷阱。

当然,"环境健康贫困"陷阱并非不可预防或者不可干预的,这取决于环境政策干预与升级、科学技术设计和包容性制度设计,需要找到陷入贫困陷阱的原因。例如,Xepapades(1997)的研究就发现,一些国家陷入"高污染—低增长"的均衡中,主要是因为减排技术的缺失;Liu(2012)则在一个EKC框架中考虑环境健康风险如何影响一个国家或地区陷入贫困陷阱。

图3-1较为清楚地展示了不同起步条件(制度条件)下经济发展与环境污染之间的几类关系。其中路径A和路径B可以反映出一些国家(地区或者个体),由于初始的资源禀赋和包容性制度薄弱,单纯依赖工业化升级和资源开采来推动经济起步和发展,短期可以促进经济增长,但是由于工业发展的外部性和资源依赖的局限性(容易受到资源价格波动影响),发展的脆弱性凸显出来。经过一段时间的停滞徘徊后,需要将早期的发展

成果投入一部分到外部性的补偿(比如健康补偿、健康赔偿、健康修复)和资源修复(资源转型)中,这也意味着这些地区很难拿出更多的资本进行扩大再生产和资本积累,对经济发展的拖累也会日渐凸显。有的国家(地区或者个人)可能会选择放弃,也有的地方会尝试采取一些极端的方法突破这一瓶颈,比如无视健康损害和资源修复,强行进行扩大再生产,这种方式可能会付出更大的代价,放大污染、健康、增长之间的关系程度,使得国家(地区或者个体)陷入"发展—环境破坏—再发展—环境再破坏"恶性循环的概率上升。在短期内经济发展和环境保护的权衡中,个体、地区和国家往往选择发展,但是由于不重视环境保护,导致其在发展的中长期过程中,环境代价愈加严重,最终成为经济发展的拖累,相关人群被迫陷入新一轮的贫困之中。

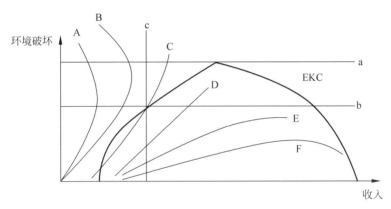

图 3-1 经济发展与环境污染的关系

路径 C 和路径 D 反映的是面临"环境健康贫困"陷阱风险的潜在国家(地区或个体),这些地区发展的条件和禀赋情况及制度设计好于路径 A 和路径 B 中的国家(地区或个体)。尽管环境污染和经济发展呈现出一定程度的单调正向关系,但是随着经济发展水平的提升,环境污染也在不断加剧。相比路径 A 和路径 B 中国家(地区或个体)面临的风险,路径 C 和路径 D 的优势在于禀赋条件和制度条件较好,如果干预得当的话,可以弱化这种风险或者可以有效地降低陷入"环境健康贫困"陷阱的概率。但是如果放弃或者无视这种关系,或者干预不当,就会越来越偏向路径 A 和路径 B 的轨迹,进而陷入"环境健康贫困"陷阱中不能自拔。

路径 E 和路径 F 显示的是经济发展基础较好的国家(地区或个体)的发展路径,这些国家(地区或个体)的发展规律实际是沿着标准的环境库兹涅茨曲线(EKC)进行演化的。在发展的早期,环境污染会随着经济发展而上升,当经济发展水平达到了一定程度后,环境质量会呈现出改善的趋势。环境污染与发展之间的关系在迈过拐点之前为正相关,在迈过拐点之后为负相关,这种转轨的成功与否直接决定着是否会陷入"环境健康贫困"陷阱中,而"环境健康贫困"陷阱的一个最重要的机制就是健康,也就意味着这些国家(地区或个体)能够有效规避陷入"环境健康贫困"陷阱的风险。进一步分析来看,有两类重要的因素影响着研究对象是否会陷入"环境健康贫困"陷阱中,即资源禀赋和制度基础。这里所谈到的资源禀赋并非单纯的自然资源,也包括资本、技术、教育等资源,这些资源对于抵消和补偿发展过程中的环境健康负外部性具有很强的效应;制度基础主要是指包容性制度安排,特别是一些"亲贫性"的制度安排,这些安排对于解决环境健康负外部性所带来的不平等问题尤为重要。"环境健康贫困"陷阱既有效率层面的问题,又有公平层面的含义。资源禀赋和制度基础在分别解决效率问题和公平问题时可以发挥重要作用,资源禀赋和制度基础并非完全先天决定,更大程度上是后天自我演化、主动适应和自我改革的结果。因此对于那些早期发展条件并不优越的地区而言,做好资源的优化配置和制度再造有助于解决发展过程中所面临的不确定性风险。

三、理论化框架

本部分构建了一个简单的世代交叠模型,来研究健康与环境污染之间的相互关系,基于初始的环境质量状况,来分析污染是如何通过影响健康进而使得地区陷入"低预期寿命—低环境质量"的环境贫困陷阱之中。在其他条件既定的情况下,起步于高污染的地区(个体[1]、国家)面临着高度的健康风险威胁,很容易锁定在"环境—健康"陷阱中;而起步于低污染的地区(个体、国家),面临的健康风险相对较小,陷入该陷阱的概率也相对较小,进而可以实现"低污染、高寿命"的稳态。因此,高污染与低污染地区(个体、国家)的福利差异会进一步拉大,从而加剧社会不平等。

在 Blanchard(1985)的基础上,我们引入了无限期经济,代理人分为儿童、成年和老年三代。所有的决策由成年人完成,前两代生存安全,第三代生存不确定。依据 Ikefuji and Horii(2007)的做法,效用函数为

$$U(c_t, e_{t+1}) = \ln c_t + \pi_t \gamma \ln e_{t+1} \tag{3-11}$$

效用主要来自成年时期的消费(c_t)和年老时期的环境质量(e_{t+1});$\gamma(>0)$ 表示代理人对未来环境质量的偏好(绿色偏好);π_t 表示存活概率(依赖于继承的环境质量);e_t 包含环境状况(水、空气和土壤等环境要素

---

[1]　个体可以看作暴露于高污染之中。

的质量)和资源利用(生物多样性、森林和渔业资源等),还可以进一步看作环境资源的使用和非使用价值。将 e_{t+1} 引入效用函数主要是基于 Popp(2009)所定义的"弱利他主义"。[1] 换言之,基于享受更好的环境质量或将更好的环境馈赠于下一代的需要,代理人可能会更有意愿参加环境保护和改善环境质量的活动。

代理人的预算约束为

$$w_t = c_t + m_t \tag{3-12}$$

其收入主要用于消费和环境保护(m_t)。在基准模型中,w_t 被假定为外生的。遵循 John and Pecchenino(1994),环境质量可以表示为

$$e_{t+1} = (1 - \eta)e_{t+1} + \sigma m_t - \beta c_t - \lambda Q_t \tag{3-13}$$

$$(0 < \eta < 1 \text{ 和 } \beta, \sigma, \lambda > 0)$$

其中,η 表示环境的自然恶化率,σ 表示环境保护效率,β 表示由消费产生的环境污染率,同时还考虑外部效应(如外部经济)对环境的影响 $\lambda Q_t > 0$($\lambda Q_t < 0$ 表示上一期环境质量的恶化,即负外部性)。

消费 c_t 的下降会对环境产生双重效应。通过参数 β(缓解自然资源的压力或降低污染)和免费资源保护(放松预算约束)直接影响到环境质量,式(3-13)表明,代理人不能通过其行为来调节当前的环境质量 e_t,当前的环境质量仅仅依赖于上一代的选择。

在式(3-12)和式(3-13)的条件下,最大化式(3-11),得到:

$$m_t = \frac{\lambda Q_t - (1 - \eta)e_t + [\beta + \gamma(\beta + \sigma)\pi_t]w_t}{(\beta + \sigma)(1 + \gamma\pi_t)} \tag{3-14}$$

$$c_t = \frac{(1 - \eta)e_t + \sigma w_t - \lambda Q_t}{(\beta + \sigma)(1 + \gamma\pi_t)} \tag{3-15}$$

通过式(3-14)和式(3-15)发现,消费和环境保护均受到收入的正向影响:更富裕的国家(地区、个人)更倾向于投资环境保护。此外,当前的环境质量对消费有积极的影响,但是对环境保护行为有消极影响;如果继承的环境质量较好,代理人保护环境的动力就相对较低。这一结果与 John & Pecchenino(1994)的结论一致。

在我们的模型中,预期寿命对环境保护有特殊的效应,即

$$\frac{\partial m_t}{\partial \pi_t} = \frac{\gamma[(1 - \eta)e_t] + \sigma w_t - \lambda Q_t}{(\beta + \sigma)(1 + \gamma\pi_t)^2} \tag{3-16}$$

─────────────

[1] Popp(2009)指出,代理人决定提供环境的质量,即考虑自利性,同时还考虑下一代的利益。

　　更高的存活概率将增加人们对未来环境的关注,因而更注重环境保护。此外,Q_t越大,表明需要更多的环境投资。$\gamma[(1-\eta)e_t]+\sigma w_t-\lambda Q_t$表示过去和外部环境状况对最优选择的影响。

　　将式(3-14)和式(3-15)代入式(3-13),得到下面的动态式子,描述的是环境质量的变化:

$$e_{t+1} = \frac{\gamma\pi_t}{1+\gamma\pi_t}[(1-\eta)e_t + \sigma w_t - \lambda Q_t] \qquad (3\text{-}17)$$

　　虽然预期寿命依赖于环境质量,但是我们一直假定π_t是外生的。进一步引入$\pi_t=\pi(e_t)$,其中,$\pi(\cdot)>0,\lim\limits_{e\to 0}\pi(e)=\pi^1$和$\lim\limits_{e\to\infty}\pi(e)=\pi^2\leqslant 2$。事实上,医学、流行病学以及经济学的研究都已经指出环境对成年死亡率的影响。$\pi(e_t)$反映的是环境质量转化为存活率的技术要素,如医疗效率等。代理人不能通过投资于环境保护而改善存活率,如式(3-13),当前的环境选择(m_t)影响到未来的环境状况。任何环境保护投资对于未来而言都是值得的,由此产生一个代际外部性。

　　动态模型(3-17)可以进一步表示为

$$e_{t+1} = \frac{\gamma\pi(e_t)}{1+\gamma\pi(e_t)}[(1-\eta)e_t + \sigma w_t - \lambda Q_t] \equiv \phi(e_t) \qquad (3\text{-}18)$$

　　因此,稳态均衡可以为固定点e^*,使得$\varphi(e^*)=e^*$,如果$\varphi'(e^*)<1$则稳定(>1则不稳定)。由于转换函数$\varphi(e_t)$的形状,可以得到不同的结果。为简单起见,假定w_t和Q_t不仅外生而且固定,即$w_t=w$和$Q_t=Q$。只要$\varphi(\cdot)$对于任何e_t为凹函性,我们就能够获得唯一的稳态。如果$\varphi(\cdot)$先凸后凹,那么可能出现非历态和多重稳态,表现出一个拐点。在这种情况下,就依赖于初始的条件,一个经济可能结束于高环境质量或者低环境质量(e_H^*和e_L^*)。

　　接下来需要强调的是,凹凸转换函数$\varphi(e_t)$是由凹凸生存概率$\pi(e_t)$产生的:在低环境状况下,改善环境质量只会带来存活率较小的提升,但是如果超越了环境质量门槛,将转换为更高的预期寿命,假定$\pi(e_t)$的函数形式遵从这一思想。例如,函数描述的环境恶化的效应(对既定生态系统或者健康)本身是凹凸的。

　　多重均衡的可能性意味着环境贫困陷阱的存在,接下来将与存活概率相关的函数形式引入继承的环境质量中:

$$\pi(e_t) = \begin{cases} \pi^1 & \text{if } e_t < \bar{e} \\ \pi^2 & \text{if } e_t \geqslant \bar{e} \end{cases} \qquad (3\text{-}19)$$

其中,$\bar{e}$ 表示环境质量的外生门槛值,超过(低于)这一门槛值,存活概率就会高(低)。显然,$\pi^2 > \pi^1$,$\bar{e}$ 依赖于诸如医疗效应、健康保健质量等元素。例如,一个较低的 $\bar{e}$ 可以被非常有效的医疗技术所解释,该技术能够在极为糟糕的环境状况下使得预期寿命更长;相反,一个较高的 $\bar{e}$ 可能代表着发展中国家的情况:健康服务过于糟糕使得任何环境恶化都容易转化为更高的死亡率。转换函数可表示为

$$\phi(e_t) = \begin{cases} \dfrac{\gamma\pi^1}{1+\gamma\pi^1}\left[(1-\eta)e_t + \sigma w - \lambda Q\right] & \text{if } e_t < \bar{e} \\[3mm] \dfrac{\gamma\pi^2}{1+\gamma\pi^2}\left[(1-\eta)e_t + \sigma w - \lambda Q\right] & \text{if } e_t \geq \bar{e} \end{cases} \tag{3-20}$$

如果存在这样的条件:$\dfrac{\gamma\pi^1}{1+\gamma\pi^1} < \dfrac{\bar{e}}{\sigma w - \lambda Q} < \dfrac{\gamma\pi^2}{1+\gamma\pi^2}$,那么式(3-20)允许两个稳态结果 e_L^* 和 e_H^*($e_L^* < \bar{e} < e_H^*$),因此,可以进一步得到:

$$e_L^* = \frac{\gamma\pi^1}{(1+\gamma\eta\pi^1)}(\sigma w - \lambda Q) \quad \text{和} \quad e_H^* = \frac{\gamma\pi^2}{(1+\gamma\eta\pi^2)}(\sigma w - \lambda Q) \tag{3-21}$$

很明显可以发现环境质量的稳态值与存活率和收入正相关,而与外部效应负相关。如图 3-2 所示,门槛值 $\bar{e}$ 确定贫困陷阱:当经济发端于 0 和 $\bar{e}$ 之间的环境质量时,就会到达均衡点 A,该稳态表示着较低的环境质量(e_L^*)和较短的预期寿命(π^1);然而,如果初始条件 $e_0 \geq \bar{e}$ 时,经济就可以稳定在

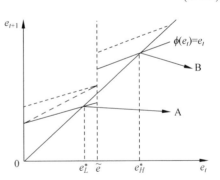

图 3-2　不同均衡点的污染与健康

更高的稳态均衡点 B 上,意味着更高环境质量(e_H^*)和更长的预期寿命(π^2)。

在此,我们对上述理论模型进行简要的总结:当初始的环境质量低于门槛值 $\bar{e}$ 时,存活率趋向于 π^1。正如前部分讨论的,更短的预期寿命意味着对未来的关注降低,即对于给定收入,在最优化式(3-14)和式(3-15)中进行选择,更低的存活率将使代理人用消费替代环境保护。继而根据式(3-20),环境质量下降,将稳定于更低的均衡值 e_L^*。相应地,当 $e_0 \geq \bar{e}$ 时,经济就会在 e_H^* 点形成更高的均衡。因此,可以推断,对于任意地区(个人、国家)而言,初始的环境质量差异会形成各自的稳态均衡点,不同均衡

点意味着不同的福利水平,即初始环境质量差异会产生福利水平的差异。低稳态均衡点的地区(个人、国家),其健康水平会因受到影响而下降,进而使得代理人采用消费来代替环境保护,进而排放更多污染物并导致环境质量进一步恶化,形成"高污染—低健康—高消费—高污染"的陷阱;高稳态点的地区(个人、国家),其健康水平相对更高,因而代理人更为关注环境保护,排放物减少且环境质量进一步改善,从而形成"低污染—高健康—低消费—低污染"的良性循环。

上述理论模型主要从一般性角度讨论了环境质量阈值前后的健康负担,论证了"污染—健康"陷阱存在的可能性。那么,从微观机制来看,处于经济社会弱势地位的群体,更容易暴露于环境污染之中,即使面临着同等的环境污染暴露水平,由于其缺乏应有的风险规避能力,会更容易受到环境污染的影响,所承担的健康负担可能更重,加剧个体间的健康不平等,使得污染具有典型的"亲贫性"。同时,依据经典的环境库兹涅茨曲线,在经济发展的早期阶段,环境污染会快速上升(环境质量下降),在这一阶段,任何地区和国家都可能陷入"高污染—低健康—高消费—高污染"的陷阱当中,如果不进行相应的干预,这种风险就有可能转化为现实。对处于经济发展中早期阶段的地区而言,其环境污染的风险暴露较大,所产生的健康绝对负担重;同时,相较于其规模更小的经济收入(经济基础)而言,这一地区由环境污染所产生的相对健康负担也可能更重,因此会进一步加剧地区间的经济不平等。如果上述微观机制存在,进一步来看,在一个地区内部和城乡之间,同样可能会存在着由污染所引致的差异化暴露水平和差异化健康效应带来的不平等,即污染会导致地区内部和城乡间不平等,该逻辑机制如图3-3所示,反映了污染如何通过影响健康进而产生"环境健康贫困"陷阱。

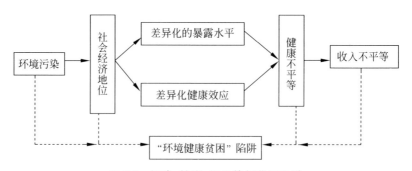

图 3-3　污染、健康、不平等与贫困陷阱

第四节 环境健康经济学干预理论

环境健康经济学干预理论探讨的是在面临环境健康风险或者危害的时候,如何通过有效的预防和治理手段来实现环境健康风险或危害的最小化,这隐含着对环境健康风险或者危害不均衡分布的一种干预。该理论主要包含三个层面的内容。第一层面的理论探讨的是私人规避行为,主要是指个体在面临环境健康风险威胁或者处于环境健康危害之中时,基于自身的要素资源禀赋所进行的预防型和治理型行为,比如,当获悉环境污染加剧时,可能会选择室内活动,或者选择戴口罩,或者选择其他居住地;再比如,当正处于环境健康的危害中时,会采取积极的治疗方案,并及时切断与污染危害源头之间的关联。第二层面的理论探讨的是公共干预行为,公共干预行为主要是指公共部门根据所掌握的环境健康信息,而采取的有助于个体降低健康风险或者健康危害的公共干预活动,包括公共资源的配置和相应的制度机制设计。比如,环境健康信息资源的发布和引导,在环境与健康两个领域配置更多的公共资源,对弱势群体采取倾斜性的政策照顾,来弱化环境污染的“亲贫性”。第三层面的理论探讨的是私人规避行为或者私人策略行为如何与公共干预行为形成互动,比如私人的环境健康需求如何上升为公共需求并进入制度设计中加以考虑、公共干预行为是否会得到私人规避行为的响应、公共干预行为的成本和收益如何进行权衡、环境健康风险干预中的公共部门与私人部门的成本收益分布等问题。综合来看,环境健康经济学中的干预理论,是一个全新的方向,它实际上揭示了在面临着不确定性风险的条件下,私人和公共部门如何进行策略反应和策略互动,两类主体互动的驱动机制是什么、互动机理(渠道)是什么、互动绩效如何。接下来,我们从理论和技术角度来探讨,私人的规避行为会对整体环境健康绩效评估产生什么样的影响,以及公共干预的成本收益及其分配。

一、私人规避与内生性问题

从研究准确性的角度来看,私人规避可能会通过住宅排序选择和规避行为产生内生性风险。认识内生性的来源,既是准确评价环境健康经济社会福利效应的前提,又是设计合理激励政策的基础。

(一)住宅排序分类

个人往往基于所在区域的属性选择住宅区的位置,进而导致所处的污染属于非随机分配。居民对住宅区的偏好依赖于就业机会、通勤成本和当地的基础设施（Tiebout，1956）。环境质量被看作一项重要的基础设施。通常，基于居住排序而产生的不同暴露水平是由三个因素驱动的（Zivin and Neidell，2013）。一是对当地基础设施异质性的偏好，由于当地基础设施往往与空气质量相关，因而可以将其看作对空气质量的间接偏好。二是收入，如果当地的基础设施是一般商品，那么财富多的群体可能会选择居住在设施较好的地区，而这些设施往往在一定程度上会影响空气质量并与其他设施相关。三是易受污染影响的异质性，在这种情况下，可将住宅排序认为是对空气质量偏好的直接结果。强调这三类因素的重要性主要源于其在污染与健康人力资本关系估计中有不同的含义，前两个因素会导致遗漏变量偏差问题。一方面，富裕群体往往能够选择居住在空气质量好的地区，同时他们也会倾向于在健康上进行投资，而这些是很难被观察到的，这有可能导致估计结果偏低。另一方面，那些居住在城市附近的居民往往面临着更为糟糕的空气质量，但是可能会有更高质量的医疗以及工作的机会，这些都是可以改善健康的，有可能导致估计结果偏高。因此，在环境健康效应的评估中，住宅排序选择应该得到充分考虑，否则，估计的偏误在所难免。

（二）规避行为

环境健康经济学的研究并非为了提出规避行为策略，而在于识别规避行为对估计结果产生的偏误以及评估规避行为本身的经济绩效（Moretti and Neidell，2009）。某些污染物往往在高浓度的水平上被观察，从而采取有利的规避手段，还有一些规避行为可以根据所观察的现象进行判断。许多污染物不能直接检测，因此这使得对明确信息的需求成为必要，当环境质量（或与其相关）可以直接观测到，人们可能不需要依赖于信息就可以应对风险（Deschênes et al.，2011）。但是当污染水平比较适中的时候，往往就不太容易识别。住宅选择能够影响个人居住地的环境污染水平，而规避行为只是基于环境状况的反应。也就是说，规避行为往往是待个人识别了所处环境的污染水平后所作出的选择（"后处理"变量）。因此，包括或者不包括规避行为并不会带来偏置，但是会影响到对估计结果的解释。例如，如果关注住院，控制了规避行为将产生生物效应，而遗漏规避行为将会产生一个简化形式效应。

此外，短期规避行为的范围往往会导致使用外部冲击识别污染效应变得复杂。当冲击导致污染物急剧变化但不会被公众所观察到时，规避行为是不可行的,而且这种冲击还有利于测度污染的生理效应。但是,当冲击较为缓和和渐进,或者个人能够直接观察到污染的变化,就必须考虑规避行为。显然,这种冲击所伴随的个人规避行为在很大程度上还取决于公共信息和私人信息的可用性。Moretti and Neidell(2009)使用来自洛杉矶的几个户外设施的出勤数据来检验空气质量信息和户外活动之间的关系,空气质量信息主要包括"烟雾警报"(只有臭氧预测超过特定的阈值,烟雾警报才会被触发),该警报每次会减少 6%~13%的户外出勤率。Zivin and Neidell(2012)重点研究水质,饮用水安全性降低使得瓶装水消费增加了17%~22%。像其他重金属一样,汞会影响胎儿、婴儿以及儿童神经系统的发育。人类接触汞的主要途径是通过鱼类消费,无论是孩子还是怀孕的母亲。2001 年,美国食品和药物管理局开始发布公告,建议高危人群减少已知的高汞含量的某些鱼类的消费。

综上所述,规避行为的影响并非微不足道,以致控制规避行为有可能导致生物效应 $\left(\dfrac{\partial \phi}{\partial P}\right)$ 和污染的简化形式效应 $\left(\dfrac{\mathrm{d}\phi}{\mathrm{d}P}\right)$ 之间存在巨大的差异。掌握生物效应对于设计鼓励规避行为的政策尤为重要。在理想情况下,如能同时估计生物效应和简化形式效应,那么通过这种差别就能够很好地反映出规避行为所带来的好处。当规避行为是由污染信息引起的,那么这种差异反映的可能是信息提供的价值。但是,测量规避行为是具有挑战性的,只有少数研究试图控制规避行为去评估这种差异,如 Neidell(2004)发现,忽略规避行为和控制规避行为时,臭氧浓度所导致的儿童入学情况会相差2 个百分点;Moretti and Neidell(2009)同样分析了控制与不控制规避行为在臭氧对健康影响上的差异。

二、风险规避的公共政策及其效益与效应

当下,环境科学、医学以及经济学的研究从不同维度、不同视角采取不同的方法,不同程度地验证了环境质量(污染)与公共健康之间的相关关系、因果联系及其机制,并提出了评估污染导致的相关疾病的治疗费用,并由此确定环境法规带来的益处。然而如何把对健康的影响转换为经济学指标也是一个非常棘手的问题。通常,凡是能够降低污染水平的公共政策都能够在不同程度上降低污染的健康风险,这些政策可能包括环境税费、可交易许可证、环境信息披露、环境健康保险、食品安全监管及追溯制度等。但是有些政策本身并不会对健康产生直接的影响,而有些政策主要针

对环境健康风险而制定和设计。此外,由于公共政策的目标和实施环境存在差异,成本和收益之间的不对等也会或多或少地存在,这就需要政策制定者综合权衡成本与收益。

通常,评估环境健康公共政策绩效的思路大致是:模拟某一政策的制定使污染排放降低,然后评估该项政策实施所需要的成本,包括对企业生产、就业甚至经济增长的影响;同时评估该项政策实施所带来的收益,主要是健康收益,这种健康收益不仅体现在所挽回的生命价值上,还包括所改善的人力资本对经济发展的影响上。对环境健康公共政策的成本与收益进行评估的一个前提就是要对环境的健康价值进行评估。2006 年 11 月 14 日,由美国国家环境健康科学研究所(NIEHS)和其他几个公共和私人机构共同资助的"环境健康科学、研究和医学圆桌会"召开,经济学家及公共卫生分析专家概述了识别和定量评估大气污染的健康效益以及精确评价企业遵守大气质量法规所需费用的研究方法学的发展。通常,健康效益是通过估计避免疾病的直接费用,或通过评价公众愿为避免疾病而支出的费用进行计算。"疾病成本"通常根据入院和不能工作的天数来测度,这种指标可以直接得到节约的金钱数。有关健康价值的评估还存在着持续的讨论甚至争论,这些争论既存在于伦理层面,也存在于法律层面,更存在于经济价值层面。从这一领域的研究进展来看,还面临着不少问题(Jan Gilbreath,2007),对于污染与健康之间的直接关系尚存在质疑,而且一项法规在真正实施之前很难准确估算其可能增加的成本消耗。当成本—效益分析完成后,对法规预期结果的变化或法规没有被完全实施也会改变成本—效益。此外,还有很多其他潜在的对健康的影响没有被充分考虑或量化。

私人规避行为的选择在很多时候需要公共部门的合理引导和激励,私人所面临的环境信息是不完全的,私人不当的规避行为会产生公共问题,因而环境污染信息在其中发挥着极为重要的作用。污染强制信息披露计划要求工业企业报告每年度向环境中排放的污染物并将这些信息向公众开放(Hamilton,2005;Kraft et al.,2011)。在美国,工人暴露被认为是公共健康领域中风险最高的,每年所产生的职业病治疗成本高达 58 亿美元。Agarwal et al.(2010)检验了 1989—2002 年美国有毒物质排放清单(TRI)跟踪调查的生产设施排放的有毒物质暴露对婴儿和胎儿死亡率的影响,1989—2002 年各种类别的 TRI 平均浓度的下降能够挽救超过 13800 个生命。运用美国联邦环境保护署(EPA)惯用的统计生命价值的最低值 180 万美元进行计算,由此挽救的生命价值大约为 250 亿美元。Finger and Gamper-Rabindran(2013)首次检验了污染强制信息披露计划(MPDR)(来自有毒物质排放清单 TRI 计划)是否降低了工人的化学污染暴露水平。在实施 TRI 项目之后,工人的污染暴露水平确实出现了下降,使用双重差分(DID)方法,在控制了时间趋势和其他混合因素(企业自查、违规记录)以及州和产业的固定效应后,每次检查的超标排放次数从 1.039 次下降到 0.694 次,下降了 33.2%;而 PEL[1] 的测试结果在 TRI 实施之后最多下降了 11%,这两个估计结果在 10% 的水平上显著。

　　环境健康可以被看作一种典型的混合公共产品,用于预防和减缓环境健康风险威胁的手段通常包括私人保险、现收现付的医疗保障和污染税。Wang et al. (2013)在一个世代交叠模型的框架中,评估了不同政策组合产生的社会福利效应,当污染密度较低时,污染税和私人保险的组合是最优的,其余依次为私人保险与现收现付医疗保障组合、污染税和现收现付医疗保障组合;当污染密度较高时,私人保险与现收现付医疗保障组合则成为首选。这也进一步说明了公私组合可能是环境健康公共品的最优供给模式。如果将公共服务也纳入公共政策范畴中,那么公共服务可能也具有降低环境健康风险的功能。具体来说,良好的环境健康教育以及相应的知识积累,有助于准确地识别和判断环境健康风险,同时所采取的规避举措会更加符合经济成本控制和效益最大化。综合来看,公共服务有助于降低个体暴露于污染之中的可能性。从环境健康反应来看,良好的卫生医疗公共服务可以有效地减轻环境因素所带来的健康成本,阻隔环境与健康之间的风险关系,而且能够尽快地减轻环境污染所带来的健康疾病负担。

---

　　[1]　《废气污染物当量值表》(PEL)旨在确定一种污染物在工作场所空气中允许出现的安全上限。

第四章　环境质量(污染)对健康人力资本的影响与效应识别评估

在上一章的"环境健康经济学效率理论"部分,我们对环境健康人力资本理论已作详细的论述,为识别和评估环境质量(污染)对健康人力资本的影响与效应,本章将分为三部分展开实证分析:首先,借助一个省级面板数据模型,从一般性角度评估和识别环境污染对健康人力资本的影响,得到环境质量(污染)健康效应的基本证据;其次,借助污染物暴露方程模型与队列分析方法,采用经济价值评估方法,统计测算 2003—2016 年中国 113 个重点城市环境污染的健康负担及其所带来的经济价值损失;最后,构建一个跨国面板数据库,借助经济周期这一外生冲击,考虑在经济增长下行的条件下,环境污染排放减少、环境质量改善后公众健康的反应。

第一节　环境污染对健康的影响:基本评估

环境污染所引发的健康风险早已成为世界性的话题,所引致的疾病和其他健康问题已经成为世界各个国家或地区经济社会发展不平等的主要原因。随着经济的持续快速增长,我国国民的生活水平和需求也日益提高和增加。环境污染作为与每一个人息息相关的问题,越来越成为人们关注的焦点,而由其引发的环境质量、生态平衡、国民健康等问题,也日益成为影响经济和社会和谐发展的重要因素。在中国,近年来由环境污染所诱发的各种健康问题逐年上升,无论在城市还是农村,与环境污染相关的呼吸系统疾病、恶性肿瘤和出生缺陷等问题日益凸显。2014 年,原环保部发布的《中国公民环境与健康素养(试行)》就已经指出环境污染是影响健康的重要因素。而《中国环境发展报告(2014)》提出了新的环境—生态政策的基础理念,即在"以人为本"的前提下,正视污染和生态恶化对健康的影响,"确认和保障公民的健康权和环境权"。如今,中国正处于经济社会发展的重要战略机遇期,建设资源节约型、环境友好型社会,着力解决危害人民群众健康的突出环境问题,确保环境和人民健康得到有效保护,是促进中国经济社会可持续发展的重要任务。据笔者所知,目前还没有利用中国数据系统地考察环境污染、公共服务和健康三者之间内在关系的研究。本章将参照以往研究构建的环境—健康生产函数,运用中国大陆 2005—2014 年的省际面板数据,分析环境污染的健康风险,同时探讨引入公共服务后这种风险会发生何种改变。

一、实证准备

本节的模型设定来自 Grossman(1972)创建的健康生产函数,同时参照王俊和昌忠泽(2007)、卢洪友等(2012)建立的宏观健康生产函数,将影响国民健康的因素确定为社会经济因素、公共服务因素和环境因素。其中,环境因素是本章关注的重点,即环境污染对国民健康将产生何种影响;社会经济因素包括 GDP、人口结构、资本存量、就业、科学技术;公共服务因素则分为五类,这样能够更全面系统地检验公共服务的作用,具体包括公共教育、医疗卫生、公共交通、公共绿化、社会保障。综上,得到如下函数:

$$health_{it} = \alpha_0 + \alpha_1 environment_{it} + \alpha_2 socandeco_{it} + \alpha_3 public_{it} +$$
$$\alpha_4 control_{it} + \gamma_i + \lambda_t + \varepsilon_{it} \qquad (4\text{-}1)$$

式(4-1)表现了影响国民健康的几种因素。其中,$health_{it}$ 表示国民健康。一直以来,学者对于国民健康如何度量分歧较大,本章结合众多已有研究,采用死亡率来表示。核心解释变量为环境因素($environment_{it}$),对于环境污染指标则选择了三种不同类型的污染物,分别为二氧化硫(SO_2)、废水($water$)以及生活垃圾(gar),考虑到三种污染物的不同性质,以其分别代表全国性、外溢性、区域性三种不同类型的污染物。选择这三类污染物以检验其对国民健康的影响是否存在差异。社会经济因素($socandeco_{it}$)中,GDP 用人均地区生产总值表示,人口结构($people$)用 65 岁及以上人口占比表示,资本存量($fixed$)用全社会固定资产投资表示,就业($work$)用城镇登记失业率表示,科学技术($science$)用国内发明专利申请受理量表示。另外,对于公共服务因素($public_{it}$),公共教育($education$)用普通高等学校在校学生数表示,医疗卫生服务($medical$)用医疗卫生机构床位数表示,公共绿化($green$)用人均公园绿地面积表示,公共交通($transit$)用公共交通车辆运营数表示,社会保障($security$)用城镇职工参加养老保险人数表示。

为保证数据的完整性,在实证分析之前,我们对部分缺失值进行了平滑处理,鉴于数据可得性,使用 2005—2014 年 31 个省、自治区、直辖市的面板数据进行实证检验,并进行对数处理。数据主要来自《中国统计年鉴》、《中国环境统计年鉴》、中经网等。主要变量的描述性统计如表 4-1 所示。

表 4-1　变量描述性统计

变量名称	变量定义及单位	均值	标准差	最小值	最大值
health	死亡率(‰)	5.94	0.70	4.21	7.28
SO₂	二氧化硫排放量(吨)	13.11	1.30	6.91	14.51
water	废水排放总量(万吨)	11.75	1.05	7.90	13.67
gar	生活垃圾清运量(万吨)	5.93	0.89	2.80	7.67
GDP	人均地区生产总值(元/人)	10.21	0.62	8.53	11.56
people	65 岁及以上人口占比(%)	7.86	0.97	4.83	9.41
science	国内发明专利申请受理量(项)	8.14	1.70	2.50	11.86
fixed	全社会固定资产投资(亿元)	8.58	1.07	5.20	1.66
work	城镇登记失业率(%)	3.66	0.66	1.20	6.50
security	城镇职工参加养老保险人数(万人)	6.24	1.01	1.75	8.34
education	普通高等学校在校学生数(万人)	3.84	1.00	0.39	5.14
green	人均公园绿地面积(平方米/人)	9.62	2.81	0.42	18.13
medical	医疗卫生机构床位数(万张)	13.94	9.27	0.62	48.97
transit	公共交通车辆运营数(辆)	10.66	3.67	3.00	26.00

二、实证结果汇报

(一) 环境污染与国民健康

在进行回归分析之前,Hausman 检验的结果表明本研究更适合采用随机效应模型,实证结果如下。

表 4-2 报告的是环境污染对国民健康的影响,被解释变量为以死亡率表征的国民健康。列(1)~(3)报告了仅包含环境污染与国民健康的基本回归的结果,列(4)~(6)报告了扩展回归结果,即在模型中引入了社会经济因素作为控制变量。可以发现,无论是在加入一些社会经济因素作为控制变量之前还是之后,环境污染因素对国民健康的影响都是显著的,这说明环境因素是影响国民健康的重要因素之一。作为主要解释变量的环境污染的系数为正,即表示环境污染越严重,死亡率越高,越不利于健康状况的改善。我们随后比较了三种不同类型污染物的回归系数,发现在基本回归中废水的回归系数最大、二氧化硫次之、生活垃圾最小;在扩展模型中,二氧化硫的回归系数最大、废水次之、生活垃圾最小。综合比较来看,二氧化硫与废水的回归系数大于生活垃圾,这说明外溢程度和影响范围较大的污染物对国民健康的影响程度较大,区域性的污染物对国民健康的影响程度较小。

表 4-2 环境污染对国民健康影响的回归结果

解释变量	基本回归			扩展回归(1)			扩展回归(2)		
	(1)	(2)	(3)	(4)	(5)	(6)	(7)	(8)	(9)
因变量滞后一期	0.8978***	0.9081***	0.9178***	0.8713***	0.8366***	0.7899***	0.8743***	0.8400***	0.7894***
	(0.000)	(0.000)	(0.000)	(0.000)	(0.000)	(0.000)	(0.000)	(0.000)	(0.000)
$\ln SO_2$	0.0399***			0.0166*			0.2721		
	(0.005)			(0.052)			(0.135)		
$\ln water$		0.0425**			0.0162***			0.0304	
		(0.012)			(0.008)			(0.912)	
$\ln gar$			0.0287*			0.0129**			-0.1293
			(0.050)			(0.000)			(0.498)
平方项							-0.0127	-0.0081	-0.0086
							(0.109)	(0.476)	(0.586)
GDP				-0.4591*	-0.4310*	-0.5132	-0.0471	-0.3933	-0.0489
				(0.062)	(0.065)	(0.581)	(0.610)	(0.687)	(0.600)
people				0.0202**	0.1865*	0.2229***	0.0384	0.1753*	0.2167**
				(0.023)	(0.052)	(0.009)	(0.591)	(0.072)	(0.012)
fixed				-0.1184***	-0.0932*	-0.7672	-0.1353**	-0.0954*	-0.0769
				(0.017)	(0.066)	(0.126)	(0.011)	(0.061)	(0.126)
work				0.0037	0.0020	0.0034	0.0016	0.0022	0.0012
				(0.912)	(0.951)	(0.915)	(0.961)	(0.947)	(0.971)
science				-0.0292**	-0.0291*	-0.0173	-0.0452	-0.0292***	-0.0163
				(0.041)	(0.049)	(0.617)	(0.225)	(0.008)	(0.638)
常数项	0.0881	0.4918	0.3230*	0.4498	0.3954	-0.1999	-1.221	-0.6238	-0.4057
	(0.671)	(0.832)	(0.090)	(0.587)	(0.660)	(0.824)	(0.387)	(0.712)	(0.677)
obs	279	279	279	276	276	276	276	276	276

说明:(1)被解释变量为死亡率;(2)括号内为 p 值;(3)***、**、* 分别表示在 1%、5% 和 10% 的统计水平上显著。

考虑到环境污染与国民健康之间的函数可能是非线性的,在函数中引入二次项,结果如列(7)~(9),但结果显示影响并不显著。

扩展回归中加入 GDP、人口结构等社会经济因素变量之后,可以发现环境污染对国民健康的影响系数显著减小,如在列(1)和列(4)中,在加入控制变量之后,二氧化硫污染对国民健康的回归系数从 0.0399 降至 0.0166;在列(2)和列(5)中,废水污染的回归系数从 0.0425 降至 0.0162;在列(3)和列(6)中,生活垃圾污染的回归系数从 0.0287 降至 0.0129。这在一定程度上说明社会经济因素可能具有降低环境污染健康风险的作用。同时,在影响国民健康的社会经济因素变量中,人均 GDP 和资本存量对国民健康影响的回归系数为负,影响为正,与已有的一些研究结论较为不同(王俊、昌忠泽,2007);人口结构对国民健康的回归系数为正,影响为负,说明老年人口较多的地区会呈现较高的死亡率,这也符合当前中国老龄化程度不断加大的现实情况;科学技术因素对国民健康的回归系数为负,影响为正,说明良好的科学技术水平能够有效转化为提升国民健康水平的条件,不过部分结果并不显著;以失业率为表征的就业情况对国民健康的回归系数为正,影响为负,说明较高的失业率会带来社会的不稳定,进而影响到国民的健康水平,但结果并不显著,有待进一步检验。

(二)环境污染、公共服务与国民健康

环境污染与公共服务对国民健康影响的回归结果见表4-3。为了避免回归结果混乱,以二氧化硫这一种污染物为例,引入污染物与不同类型公共服务的交叉项,进一步考察和识别公共服务是否能减少环境健康损害。非常明显的是,五类交互项的系数有 4 个为正,这进一步表明,公共服务水平高的地区,环境污染对于国民健康损害的不利影响会出现一定程度的下降和缓解。同时,对比表 4-2 与表 4-3 污染物变量的回归系数的绝对值,可以发现不同类型的公共服务对于环境污染的健康风险的缓解程度不同。社会保障和公共教育对于环境污染健康风险的缓解程度较高,通过比较加入社会保障与二氧化硫的交互项后二氧化硫变量对国民健康的影响系数,可以发现,二氧化硫对国民健康的影响从 0.0399[如表 4-2 列(1)所示]下降至 0.0022[如表 4-3 列(1)所示];加入控制变量后,二氧化硫对国民健康的影响从 0.0166[表 4-2 列(5)所示]下降至 0.0028[如表 4-3 列(6)所示]。同理,在加入公共教育与二氧化硫的交互项后,二氧化硫对国民健康的影响系数,从 0.0399[表 4-2 列(1)所示]下降至 0.0078[如表 4-3 列(5)所示],

表 4-3 环境污染与公共服务对国民健康影响的回归结果

解释变量	基本回归						扩展回归			
	(1)	(2)	(3)	(4)	(5)	(6)	(7)	(8)	(9)	(10)
因变量滞后一期	0.9251*** (0.000)	0.8970*** (0.000)	0.9037*** (0.000)	0.8867*** (0.000)	0.8916*** (0.000)	0.8508*** (0.000)	0.8723*** (0.000)	0.8720*** (0.000)	0.8715*** (0.000)	0.8655*** (0.000)
$LnSO_2$	0.0022* (0.093)	0.0400*** (0.005)	0.0267* (0.091)	0.0221 (0.184)	0.0078* (0.073)	0.0028* (0.094)	0.0158*** (0.005)	0.0192* (0.074)	0.0170 (0.218)	0.0077* (0.078)
$LnSO_2 \times security$	0.0020** (0.027)					0.0108** (0.050)				
$Ln\ SO_2 \times transit$		-0.0001 (0.790)					-0.0001 (0.816)			
$Ln\ SO_2 \times green$			0.0009* (0.069)					0.0004 (0.613)		
$Ln\ SO_2 \times medical$				0.0003** (0.041)					0.0001* (0.090)	
$Ln\ SO_2 \times education$					0.0035* (0.069)					0.0058** (0.035)
GDP						0.0454* (0.056)	-0.0447 (0.063)	-0.0471* (0.0616)	-0.0480* (0.061)	-0.0465* (0.061)

续表

解释变量	基本回归						扩展回归			
	（1）	（2）	（3）	（4）	（5）	（6）	（7）	（8）	（9）	（10）
people						0.1801* （0.071）	0.0168* （0.082）	0.0273* （0.071）	0.0208* （0.077）	0.0781** （0.041）
fixed						0.1243* （0.016）	0.1176** （0.025）	0.1028* （0.084）	0.1219** （0.042）	0.1393** （0.014）
work						0.0133 （0.690）	0.0031 （0.928）	0.0033 （0.923）	0.0036 （0.915）	0.0011 （0.974）
science						-0.0357 （0.119）	-0.0268 （0.477）	-0.0268 （0.160）	-0.0289 （0.424）	-0.0250 （0.192）
常数项	0.3216 （0.183）	0.1085 （0.624）	0.1090** （0.600）	0.3235 （0.171）	0.3631 （0.156）	-0.9512 （0.436）	0.5050 （0.760）	0.5592 （0.550）	0.4950 （0.591）	0.0656 （0.949）
obs	268	279	276	279	279	265	276	273	276	276

说明：（1）被解释变量为死亡率；（2）括号内为 p 值；（3）***、**、*分别表示在 1%、5% 和 10% 的统计水平上显著。

在加入控制变量后,回归系数从 0.0166[表 4-2(5)所示]下降至 0.0077[表 4-3 列(10)所示]。这说明提升教育水平和社会保障水平确实更有利于有效预防和应对环境污染对健康产生的直接和潜在影响,从而降低暴露于污染之中的概率。公共交通、公共绿化、医疗卫生对于环境污染健康风险的缓解程度较低。表 4-2 列(4)和表 4-3 列(7)中,公共交通模型污染物系数在基本回归中不升反降,在扩展模型中由 0.0166 下降为 0.0158,下降程度并不明显,而且系数在统计上也并不显著。表 4-3 列(8)、列(9)中,公共绿化和医疗卫生模型的污染物系数绝对值比表 4-2 列(1)基本回归略微下降,而比表 4-2 列(4)扩展模型略微上升。一种可能的解释是公共交通的普及和城市绿化流于形式或大多着力于污染产生后的补救,并没有从根本上改善空气状况。医疗卫生情况基本相同,确实能够治疗因环境污染而产生的疾病问题,但对于预防因环境污染而产生的健康问题、降低暴露于污染之中的概率效果有限,这也与当前中国健康知识和卫生政策对民众的普及程度远远不够有关。这些结论与一部分已有研究相契合,保护环境和医疗卫生支出大多集中在事后补救和治疗等方面。

第二节 环境健康损害评估:一个医学评估方法

一、环境污染的健康负担及其经济价值

大气污染是目前中国环境污染形势严峻的领域,也是损失评价中重要的组成部分,考虑数据的可得性,本节主要选择 PM_{10} 浓度作为大气污染的代理指标进行健康影响和损害评价。

(一)环境污染的健康负担

对环境健康负担的评估测算主要来自医学技术和环境科学技术,通常的思路是:第一步,确定环境健康风险因子及其门槛值,即哪些因素会影响到健康,以及在不同阈值水平下环境风险因子与健康之间的关系是否会发生变化;第二步,建立环境健康反应剂量函数或者暴露反应函数,即评估健康对环境风险因子的反应程度;第三步,根据健康的经济价值进行成本和收益"定价",测算环境健康风险的溢价水平和环境健康负担的经济损失。这其中,需要确定两个关键的指标——环境风险的暴露危险值(β)和环境健康风险的相对危险系数(RR)。本部分以大气污染中的 PM_{10} 浓度作为环境风险因子进行分析。

一般情况下,环境空气污染与人群健康暴露之间会存在一个比较明显

的相关关系(在统计学上称为显著关系),在医学上将其称为污染健康反应函数(方程)。当前,该领域中环境健康风险的相对危险系数(RR)通常被确定为一种线性关系或者对数线性关系,再或者是分段线性关系。该关系可以进一步公式化为 $RR_{it}=\mathrm{e}^{(\alpha+\beta c)}/\mathrm{e}^{(\alpha+\beta c_0)}=\mathrm{e}^{\beta(c_{it}-c_0)}=\mathrm{e}^{\Delta c_{it}\beta}$。对数线性关系可以表示为 $RR_{it}=\mathrm{e}^{(\alpha+\beta\mathrm{ln}c)}/\mathrm{e}^{(\alpha+\beta\mathrm{ln}c_0)}=\mathrm{e}^{\beta(\mathrm{ln}c_{it}-\mathrm{ln}c_0)}=\beta\mathrm{e}^{\mathrm{ln}(c_{it}/c_0)}=\beta(c_{it}/c_0)$。借鉴于方等(2007)的做法,为了避免出现 $c_0=0$ 的情况,在分子和分母上各加1,得到 $RR_{it}=[(c_{it}+1)/(c_0+1)]\beta$。式中:$c_{it}$ 表示 i 地区第 t 年的某种污染物浓度,c_0 表示空气质量健康阈值,Δc_{it} 表示 i 地区第 t 年超过空气质量健康阈值的范围,RR 表示 i 地区第 t 年某种污染物浓度的健康效应的相对危险程度。

　　污染物暴露的危险系数 β 值主要依据以往研究者对中国的相关研究确定。以往的文献大多通过 Meta 分析和统计学趋势分析方法来确定不同危害结局的暴露—反应函数关系,而且长期队列研究成为目前评价大气污染对人体健康慢性效应的最好方法之一。同时,世界银行、美国的长期队列研究和中国的生态学研究表明,PM_{10} 的浓度每增加 $1\mu g/m^3$,死亡率增加的百分比会随着污染物浓度水平的变化而变化。相比较而言,PM_{10} 浓度的边际健康损失是下降的,即 β 值是动态变化的。因此,本节采取指数函数插值法进行分段测算,具体为:当 PM_{10} 的浓度 c_{it} 大于等于 $150\mu g/m^3$ 时,浓度每增加 $1\mu g/m^3$,全因死亡率增加 0.12%;当 PM_{10} 的浓度 c_{it} 小于等于 $40\mu g/m^3$,采用美国队列研究的结果是,浓度每增加 $1\mu g/m^3$,全因死亡率增加 0.24%;当 PM_{10} 的浓度 c_{it} 大于 $40\mu g/m^3$ 且小于 $150\mu g/m^3$ 时,暴露—反应关系采用指数函数内插(即符合对数线性关系)的方法计算得到,根据检验估计,相应的 $\beta=0.0024/1.006321^{(PM_{10}-40)}$。

　　污染所带来的健康负担,不仅包括死亡负担,而且包括引发的各类疾病负担。目前已经明确的疾病负担,主要包括咳嗽、支气管炎(急性)、哮喘和急诊。根据 Victor Brajer(2010)的系统总结,我们确定了这四类疾病负担相应的 β 值[1]。但是由于 Victor Brajer(2010)主要回顾的是总悬浮微粒浓度的 β 值,因此我们借鉴 Yuyu Chen et al.(2013)的做法,将总悬浮微粒进一步转换成 PM_{10},其中南方城市的转换系数为 0.45,北方城市的转换系数为 0.57。

　　接下来,考虑到健康损害的经济定价标准存在差异,相关的研究也主

---

〔1〕　咳嗽、支气管炎(急性)、哮喘和急诊的 β 值分别为 0.0012、0.0048、0.001882、0.0003668。

要采用了人力资本法、支付意愿法、医疗卫生支出成本法并将其与失能调整生命年的经济损失评价法相结合。根据以往的研究,我们主要选择了几篇关于中国健康支付意愿和生命价值评估的参数和方法的文献进行参照和对照,这些文献分别是针对重庆、北京、安庆、成都和上海展开的,分布于东部、中部、西部等地区(Guo,2006;Hammitt and Zhou,2006)。在核算健康疾病成本时,我们综合采用疾病成本法和支付意愿法分别评估福利成本和医疗成本,见表4-4。

表 4-4　健康结果的经济价值(支付意愿方法)

健康结果	每例货币价值 (2004 年价格)	评估方法
死亡	864500	支付意愿评估法(Willingness to Pay,WTP)
疾病		
咳嗽	166	WTP
支气管炎(急性)	202	WTP
哮喘	180	疾病成本评估法(Cost-of-Illness,COI)
急诊	323	COI

(二)环境污染健康负担的经济价值评估

评价空气污染健康危害的一般公式为 $P_{di}=(f_{pi}-f_{ti})\times P_e$。其中,$P_{di}$ 表示由污染造成的健康危害数量(如过早死亡人数、住院人数、急诊人数等),f_{pi} 表示污染条件下健康危害终端 i 的年发生率,f_{ti} 表示健康危害终端 i 的基线,即清洁空气条件下健康危害终端 i 的年发生率,P_e 表示暴露人口。f_{ti} 可以从健康危害的一般表达式得到,即 $f_{pi}=f_{ti}\times\exp(\Delta c_i\times\beta_i/100)$,因此,$f_{ti}=$
$\dfrac{f_{pi}}{\exp(\Delta c_i\times\beta_i/100)}$。由于 $RR=f_p/f_t$,因此,$P_{di}=\dfrac{(RR_i-1)}{RR_i}\times f_{pi}\times P_e$。最后,相应地,由污染所带来的健康经济损失为 $PHC=P_{di}\times WTP$。

f_{pi} 可以看作所在地区的死亡率,由于现有的年鉴没有提供 113 个重点城市 2003—2016 年的全样本的死亡率,因此,我们近似地使用所在省份的死亡率来替代。同时针对污染的暴露人口指标,选取的是所在城市市辖区的人口总数,这是因为现有的环境监测站几乎全部位于重点城市的城区之内,恰好可以与市辖区的人口相对应。

经过评估,环境污染所产生的健康损害与经济负担如表 4-5 所示,以 PM_{10} 为代表的空气污染所产生的健康损害带来了较大的经济负担,2003—2016 年,污染的健康成本占到了 GDP 的 1.7%~4.8%。2003—2010 年,伴随着污染暴露水平的下降,污染的健康损害(绝对规模和相对规模)呈现出比较明显的下降趋势。2011—2014 年,环境污染的健康负担又呈现出一定程度的上升趋势,这与这一时间段空气质量的恶化有一定关联。

表 4-5　2003—2016 年环境健康经济成本分布

年　　份	平均收入	污染调整后的收入	污染的健康成本占比(%)	污染的健康成本
2003	22496.69	21426.75	4.756	1069.943
2004	27586.89	26567.00	3.697	1019.887
2005	31589.49	30519.55	3.387	1069.936
2006	33441.15	32511.82	2.779	929.330
2007	36685.37	35813.07	2.378	872.305
2008	40489.69	39616.73	2.156	872.958
2009	45946.45	45047.42	1.957	899.034
2010	48298.35	47448.93	1.759	849.423
2011	53612.84	52498.66	2.078	1114.182
2012	57387.25	56130.76	2.190	1256.494
2013	62387.96	60717.40	2.678	1670.562
2014	66556.75	64577.15	2.974	1979.597
2015	70148.86	68676.60	2.099	1472.256
2016	76874.33	75433.40	1.874	1440.932

第三节　环境质量的健康经济效应:来自经济周期的准实验证据

一、理论机制

通常健康生产的投入要素为收入、闲暇、环境、健康消费。伴随着收入、闲暇和健康消费的增加,健康人力资本能够得到改善,而环境污染则会对健康产生较大的负面影响。因此,经济周期对健康产生的影响主要取决于收入、闲暇、健康消费和环境污染变化所带来的边际健康效应。在早期,收入水平确实是影响健康的关键要素,但是伴随着经济发展和收入水平的增加,收入的边际健康效应逐步递减。即使收入的持续上升有利于改善健康,但是暂时的增长可能会导致死亡率增加。有两种基本原因可以解释长期和短期效应的区别:一方面,从长期来看,行为人有更大的灵活性来决定消费、分配时间和作出生产决策;另一方面,即使伴随着短暂的好转,相对较小的健康冲击可能导致体弱的个人比其他人更易于死亡。对于健康消费而言,医疗保障和社会保障体系逐步建立,使得经济周期对健康消费的影响和冲击变小,在很多国家和地区,经济低迷或者衰退对医疗健康消费的负面影响并不如之前那么剧烈。而对于一些不健康的消费行为,如酗酒、酒驾等,这更多地与所在国家的文化传统密切相关,而且为数不少的研究已经指出,酗酒、酒驾等不健康的消费行为往往在经济高涨时期显得更为突出。因此,经济周期对国民健康的影响和冲击可能更多地是基于闲暇因素和环境因素的考虑。

借鉴已有的分析框架,并结合实际经济周期的特征,可以从学理角度借助经济周期这样一个较为外生的冲击所引起的环境质量下降(污染)来观察健康的反应。当然,从经济学常识的角度来看,经济周期与健康之间本身就存在密切的关联,具体影响可以包括三个渠道。第一个渠道就是经济周期所带来的时间成本的变化。一般而言,经济处于下行或者处于衰退期,市场中的劳动力需求会减少,相应的劳动酬劳也会下降,休闲的时间机会成本在下降,人们可能会选择休闲或者劳动再积累而放弃增加劳动时间,从某种意义上讲,休闲或者休息对于健康而言是有好处的。第二个渠道就是健康投入的渠道。经济衰退或者经济下行,随着收入的减少,包括健康消费在内的各类消费都会减少以应对经济危机。当然,一般而言,经济衰退时期的健康需求可能会下降,但是对于具有稳定健康支出需求的群体(患有慢性病的群体)而言,在面临经济危机时,其健康保障能力会出现不同程度的下降。第三个渠道是经济周期过程中的外部来源效应。具体表现为在经济处于上升或者处于高潮的时候,人们的经济活动也会日渐频繁,经济活动的增加所带来的负向产品也会增加,比如车祸、事故等,当然这取决于监管水平,经济形势变好,相应的监管保障能力也会得到强化。经济衰退时期,人们经济收入状况会快速恶化、财务约束会进一步趋紧,在很大程度上会影响到人们的身心健康。经济衰退时期的自杀率会上升,相应的犯罪率也会上升。此外,经济过热时期,人们的地区间流动也会增强,包括一些传染病在内的公共卫生风险增加。

当然,以上这些主要是从经济周期所带来的收入效应的维度进行的思考,有一类重要的渠道实际上是常被忽视的。在经济衰退时期,污染会下降,相应的婴儿死亡率会大大下降,但是这项研究针对的是特定群体,而且主要基于美国的数据得到结论,传导机制也没有得到很好的揭示。基于这样的考虑,本节将从经济周期的角度来讨论污染与健康之间的关系,所运用的数据来自跨国层面的面板数据,得到的结论具有一般性和普适性。

经济周期所带来的污染变化主要集中于工业化进程中的国家和地区,一方面,受经济周期影响最大的主要是生产部门和消费部门。当经济处于过热时期时,生产行为和消费活动都会得到极大的释放和刺激,生产活动和消费活动所带来的副产品也会增加,比如污染物排放量会增加;而当经济处于下降或者衰退时期时,生产行为和消费活动会得到遏制,相应的生产活动和消费活动所带来的副产品会下降,即污染物排放量下降。另一方面,环境污染与健康之间的关系往往也会随着污染程度的加剧而表现出更为显著和相关程度更高的关系。进一步来看,当前对于绝大多数发展中国家和少量的发达国家而言,仍处于环境库兹涅茨曲线左半段,也就意味着经济增长的同时会伴随着环境污染排放量的增加和污染程度的加剧,所带来的健康损害也越大。将两个方面和两个过程有机结合,不难发现,国民健康与经济周期存在着较大的关联度,而由经济周期所带来的环境变化可能是影响健康的一个重要传导机制。换言之,利用经济周期这样一个重要的外生冲击,可以有效地识别环境污染对健康的影响。当然,这有待接下来的实证检验。

二、准实验分析框架

本部分的实证分析框架主要基于全球跨国数据展开,基于环境数据的可得性,所选择的时间区间为 1990—2010 年,一共包括 89 个国家,覆盖发展中国家、发达国家以及各大洲主要国家,具有较强的代表性。通过上述数据构建了一个面板数据库,来检验和评估经济周期带来的环境污染变化对国民健康的影响,遵循以往研究的做法,本节的基本模型设定为

$$M_{it} = \alpha_0 + \gamma U_{it} + \beta X_{it} + \delta_i + \mu_t + \varepsilon_{it} \tag{4-2}$$

进一步地,首先讨论并验证经济周期过程中环境质量下降(污染)的变化情况,具体模型为

$$P_{it} = \alpha_0' + \gamma' U_{it} + \beta' X_{it} + \delta_i' + \mu_t' + \varepsilon_{it}' \tag{4-3}$$

接下来,在式(4-2)的基础上,引入环境质量(污染)变量,来观察引入前后经济周期对国民健康的影响,以此判断是否会通过环境污染进行传导,进而验证环境污染对健康的影响,模型设定为

$$M_{it} = \alpha_0'' + \gamma'' U_{it} + \beta'' X_{it} + \lambda P_{it} + \delta_i'' + \mu_t' + \varepsilon_{it}' \tag{4-4}$$

其中,M_{it} 是被解释变量,它表示第 i 个国家在第 t 期的国民健康状况,根据世界卫生组织对健康的定义并在参照以往研究通行做法的基础上,我们用死亡率和预期寿命来表示。进一步区分了总体死亡率、婴幼儿死亡率和五岁以下儿童死亡率,预期寿命分为总体预期寿命、男性预期寿命和女性预期寿命。无论是死亡率还是预期寿命,都能够从整体的角度度量国民的整体健康水平。

U_{it} 表示的是宏观经济状况,在以往经济周期与死亡率之间关系的文

献中,绝大多数采用失业率来度量。遵照惯例,我们也主要采用失业率来反映经济周期。同时,在稳健性分析中,进一步采用 Hodrick-Prescott(HP)滤波方法测度经济增长周期。目前,HP 滤波方法被广泛运用于经济周期的波动测度中。该方法的运用比较灵活,将间接周期看作宏观经济对某一缓慢变动路径的一种偏离。该方法的原理是,设 $\{Y_t\}$ 为包含趋势成分和波动成分的经济时间序列,$\{Y_t^T\}$ 是其中含有的趋势成分,$\{Y_t^c\}$ 是其中含有的波动成分。相应的 $Y_t = Y_t^T + Y_t^c$,计算 HP 滤波就是从 $\{Y_t\}$ 中将 $\{Y_t^c\}$ 分离出来,通常情况下 $\{Y_t^c\}$ 被定义为求解 $\min \sum_{t=1}^{T} \{(Y_t - Y_t^T)^2 + \lambda[c(L)Y_t^T]^2\}$,其中,

$c(L) = (L^{-1} - 1) - (1 - L)$,进一步可以得到并求解 $\min \sum_{t=1}^{T} \{(Y_t - Y_t^T)^2 +$

$\lambda \sum_{t=2}^{T-1} [(Y_{t+1}^T - Y_t^T) - (Y_t^T - Y_{t-1}^T)]^2\}$。

　　一般情况下,当时间序列单位为年时,根据经验,λ 的取值为 100(高铁梅,2009)。P_{it} 表示的是第 i 个国家第 t 期的环境污染状况,环境污染采用的是 PM_{10} 浓度和人均二氧化硫排放量。其中 PM_{10} 是世界卫生组织和各个国家环境健康机构公认的影响健康的重要环境变量,使用该数据能够比较有效地度量各个国家的环境治理。同时,进一步引入 Stern(2004)利用历史数据测算的 1850—2002 年 200 个国家(地区)的年度二氧化硫排放量,并通过平滑方法弥补了之后年份的缺失值。

　　X_{it} 表示的是一组控制变量,根据之前的相关研究(Svensson,2007;Currie and Neidell,2005;Ruhm,2013),包括影响健康的人口结构、教育、卫生医疗状况、收入水平等。对此,分别使用老年抚养率和少儿抚养率、高等学校入学率、医疗卫生改善受益比和人均国民收入来度量。以上变量的具体描述性统计见表 4-6。

表 4-6　主要变量的描述性分析数据

变量名称	最小值	最大值	观测值	变量说明及单位
死亡率	3	17	1855	每千人死亡人数(‰)
五岁以下儿童死亡率	2	122	1848	每千名新生儿在年满五岁前的死亡概率(‰)
婴幼儿死亡率	8	106	1848	每千例活产儿一岁前死亡的婴儿数量(‰)
预期寿命	52	85	1863	出生时预期寿命(岁)
男性预期寿命	50	88	1863	男性出生时预期寿命(岁)
女性预期寿命	53	86	1863	女性出生时预期寿命(岁)
失业率	0.6	30.7	1639	总失业人数占劳动力总数的比例(%)

续表

变 量 名 称	最小值	最大值	观测值	变量说明及单位
经济增长率周期	−16.903	12.695	1794	经济增长率的波动
PM$_{10}$	36.338	230	1823	国家层面直径小于10微米的颗粒物浓度(微克/立方米)
PSO$_2$	0.0024	1.406	1739	人均二氧化硫排放量(吨)
人口数	24134	1.34e+09	1866	人口总数(人)
少儿抚养率	13	48	1848	0~14岁人口占总人口比重(%)
老年抚养率	1	23	1848	65岁及以上人口占总人口比重(%)
高等教育入学率	3	55	1387	高等教育入学人数占比(%)
工业增加值占比	15	61	1823	工业增加值占GDP比重(%)
进出口占比	14	460	1811	进出口总额占GDP比重(%)
FDI占比	−29.228	564.916	1756	FDI净流入占GDP比重(%)
城市化率	9	100	1869	城市人口占总人口比重(%)
国民收入	800	67970	1734	按购买力平价度量的人均国民收入(美元)
健康服务	18	101	1750	获得经过改善的卫生设施人口占比(%)

数据来源:世界银行数据库。

基本模型采用的是面板固定效应分析方法,方程中的 δ_i 表示与特定国家相关的未观察因素,用以控制各国不被观察到的、不依时间变化的差异;μ_t 表示年份效应,用以控制各国共同面临的全球经济以及宏观经济周期波动的影响;ε_{it} 表示随机扰动项;γ' 表示的是当控制了污染水平后,经济周期对国民健康所产生的影响。

一般而言,健康带有明显的连续性和累积性,即当期的健康会明显地受到上一期健康状况的影响。因此,有必要在自变量中引入国民健康的滞后项,当引入国民健康的滞后项后,很可能出现滞后的国民健康对失业率产生影响,更为关键的是滞后的国民健康与随机误差项之间也是存在相关性的,因而会使得以传统估计方法得到的滞后项系数偏大。虽然通过一阶差分可以剔除不随时间变化的个体效应,但是当计量方程中包含被解释变量中的一阶滞后项时,组内差分得到的滞后因变量和残差一阶差分是相关的。同时因变量和自变量之间可能还会存在双向因果关系,健康状况的变化也会对以失业率为代表的经济周期产生反向影响。上述问题的存在可能会使结论的可靠性大打折扣。对此,Anderson and Hsiao(1982)以及

Arellano and Bond(1991)分别提出的差分 GMM 和系统 GMM 方法[1]能够有效地解决上述问题,同时系统 GMM 方法使用之后的水平变量和差分变量可以分别作为差分方程中的内生变量和水平方程中相应水平值的工具变量,结果可能比差分 GMM 更为稳健和有效。

　　一般来说,在研究宏观经济状况对健康的影响时还需要关注两者之间的关系是否会随时间的推移而改变,这也是以往研究中经常遇到的一个重要问题。其中一个典型的做法就是划分不同的时间段。然而,即使这样,估计的结果依然会对所选择的起始和结束年份比较敏感,换言之,由于样本时间区间的起点时间和结束时间选择的不同,可能会对估计结果产生重要的影响。通常,有两种可选的方法,第一种方法是指定一个固定的时间,然后依次对所有备选样本的时间窗口数据进行估计。例如,当使用 10 年的窗口期时,可以从 1990—1999 年到 2001—2010 年一共 12 个时期中依次选择进行估计;第二种方法是,依然将估计区间定为 21 年,然后在模型中额外加入一个时间趋势项:

$$M_{it} = \alpha_0 + \gamma U_{it} + \beta X_{it} + U_{it} \times T_t \phi + \delta_i + \mu_t + \varepsilon_{it} \qquad (4\text{-}5)$$

$$M_{it} = \alpha'_0 + \gamma' U_{it} + \beta' X_{it} + \lambda' P_{it} + U_{it} \times {}' T_t \phi + \delta'_i + \mu'_t + \varepsilon'_{it} \qquad (4\text{-}6)$$

其中,T_t 表示的是一个线性趋势,设置第一个样本年份的值为 0(即 1990 年),最后一个样本年份值为 1(即 2010 年)。相应的经济周期效应则可以被表述为 γ'(1990 年)和 $\gamma' + \phi'$(2010 年),当使用的数据是 1990—2010 年时,$T_t = (t - 1990)/20$。相应地,ϕ' 的 P 值表示经济周期与健康之间的关系是否随时间的变化而改变。

　　这两种方法各有优势,第一种方法不需要设置特定的参数而是直接选择不同的样本时间区间进行估计;第二种方法则可以比较清晰地观察到经济周期对健康影响的时间趋势效应。在研究中,两种方法会相机选择使用。

三、实证分析结果:经济周期、环境质量与国民健康

(一) 经济周期与国民健康

　　表 4-7 报告的是经济周期过程中国民健康的变化情况,主要通过将经济周期与国民健康进行回归来观察。通常说来,失业率是表征经济周期的一个典型变量。对于健康,主要用死亡率和预期寿命表征,其中死亡率分别用婴幼儿死亡率、五岁以下儿童死亡率和人口死亡率以表征不同年龄段的健康状况。通过相关的检验(Hausman 检验)我们发现,主要考虑用固定效应

──────────

　　〔1〕　广义矩估计(Generalized Method of Moments,GMM)是一种基于模型实际参数满足一定矩条件而形成的参数估计方法。已有文献对两种方法的使用和特点已经进行了大量论述,此处不再赘述。

表 4-7　经济周期对国民健康影响的基本回归结果

解释变量	被解释变量							
	人口死亡率					五岁以下儿童死亡率	婴幼儿死亡率	预期寿命
	(1)	(2)	(3)	(4)	(5)	(6)	(7)	(8)
失业率	-0.0017** (-2.35)	-0.0044** (-3.24)	-0.0052* (-3.92)	-0.0049* (-5.45)	-0.0046*** (-1.98)	-0.0175* (-9.02)	-0.0189* (-8.39)	0.0015* (6.44)
失业率平方					0.0000 (0.16)			
失业率时间趋势		0.0046** (2.33)	0.0048* (2.51)	0.0044** (2.30)	0.0045*** (2.30)	0.0193* (7.01)	0.0203* (6.34)	-0.0025* (-7.16)
系列人口因素	NO	NO	YES	YES	YES	YES	YES	YES
人口权重	NO	NO	NO	YES	YES	YES	YES	YES
R^2	0.1786	0.1815	0.5321	0.4933	0.4929	0.9686	0.4102	0.7221
样本国家（地区）	89	89	89	88	88	87	87	88
样本数	1631	1629	1629	1627	1627	1606	1606	1627

说明：被解释变量为取自然对数的死亡率和预期寿命；括号内为 T 值；***、**、* 分别表示在 1%、5% 和 10% 的统计水平上显著。国家（地区）和时间固定效应被控制。所有模型还控制了人口年龄结构，即人口老龄化和少儿抚养率，同时控制其他变量，如国民收入、高等教育入学率、城市化率和健康服务。

模型,在控制一系列人口经济社会因素(包括人口因素、人口权重、收入、城镇化、健康公共服务、教育等)以及地区效应和时间效应的基础上进行观察。

表4-7中列(1)表示的是没有控制人口因素和人口权重下的结果,列(2)在列(1)的基础上进一步加入了"失业率时间趋势"变量用以控制时间趋势的影响,列(3)是在列(2)的基础上控制了人口因素,列(4)则是在列(3)的基础上再进一步控制了人口权重。通过比较列(1)~(4)的回归结果可以发现,失业率与死亡率之间呈现出显著的负向关系,失业率越高,死亡率可能越低,即死亡率可能存在顺周期现象。同时,根据公式 $T_t = (t - 1990)/20$,还可以进一步分析这种顺周期随时间是如何变化的,即 $\frac{\partial M}{\partial U} = \gamma + \phi \times T_t$。以列(4)的回归结果为例,在1990年,死亡率与失业率的关系系数为 -0.0049;到2000年,该系数上升至 -0.0027;到2010年,则为 -0.0005。这说明,随着时间的推移,死亡率与失业率之间的顺周期关系会变弱。通过观察列(3)和列(4),发现是否控制人口规模权重对结果有一定的影响,当控制人口权重后,死亡率的顺周期系数稍小些,这说明,如果不控制人口权重,可能会夸大死亡率的顺周期现象。此外,我们还进一步加入了失业率的平方,尽管列(5)中的平方项系数不显著,但表明失业率与死亡率之间可能呈现一种U形关系,适度失业会带来死亡率的下降,但是过度失业并不利于健康。综上可以初步判断,失业率与死亡率之间确实存在顺周期关系,但是这种关系随着时间的推移会变弱,也就是说这种顺周期关系可能是短期而非长期的。

列(6)、列(7)和列(8)分别表示失业率与五岁以下儿童死亡率、婴幼儿死亡率和预期寿命之间关系的回归结果。我们发现,失业率与三类健康之间呈现出明显的顺周期关系,失业率每提高1个百分点,五岁以下儿童死亡率、婴幼儿死亡率分别下降0.0175和0.0189,预期寿命会上升0.015。通过比较列(4)、列(6)和列(7)可以发现,五岁以下儿童死亡率和婴幼儿死亡率的顺周期现象更为明显,儿童和婴幼儿更容易受到经济周期的影响。同时进一步观察"失业率时间趋势"可以发现,伴随着时间的推移,这种顺周期现象将逐步减弱。

(二) 分组检验

为了进一步检验经济周期与不同样本组别健康的关系,在现有数据可得性的基础上,我们探讨了男性人口、女性人口、老龄人口以及发达国家和发展中国家的健康周期现象。表4-8显示的是不同组别的回归结果,我们

依然控制了相应的变量和时间及地区效应,采用的是固定效应模型。不同
组别的健康顺周期现象非常明显,失业率每上升1个百分点,男性和女性的
预期寿命分别上升0.0012和0.0018,发达国家和发展中国家的死亡率分别
下降0.0039和0.0045。同时通过在列(3)中引入失业率与老年抚养率的交
互项来观测失业率对老龄人口群体健康的影响,可以发现,交互项的系数
显著为负,这表明,老龄社会中,失业率与死亡率的顺周期关系更为明显。

表 4-8   经济周期对国民健康的影响:分组检验

解释变量	被解释变量				
	男性预期寿命	女性预期寿命	老龄化社会	发达国家(死亡率)	发展中国家(死亡率)
	(1)	(2)	(3)	(4)	(5)
失业率	0.0012*	0.0018*	-0.0026	-0.0039	-0.0045*
	(4.89)	(7.36)	(-1.51)	(-1.54)	(-2.73)
失业率时间趋势	-0.0018*	-0.0029*	0.0053*	0.0015	0.0044***
	(-4.96)	(-8.15)	(2.70)	(0.36)	(1.95)
失业率×老年抚养率			-0.003**		
			(-2.15)		
系列人口因素	YES	YES	YES	YES	YES
其他控制变量	YES	YES	YES	YES	YES
人口权重	YES	YES	YES	YES	YES
R^2	0.7289	0.6799	0.4884	0.6257	0.4643
样本国家(地区)	88	88	88	29	59
样本数	1627	1627	1627	588	1039

说明:括号内为T值;***、**、*分别表示在1%、5%和10%的统计水平上显著。国家(地区)和时间固定效应被控制。所有的模型还控制了人口年龄结构,即人口老龄化和少儿抚养率,同时控制其他变量,如国民收入、高等教育入学率、城市化率和健康服务。

(三) 分时间窗口

上述结果采用的是引入时间趋势项来控制存在的时间偏误,接下来,
我们采用不同的样本时间区间进行估计。首先,固定时间长短,然后依次
选择不同的起止年份来进行分析,图4-1、图4-2、图4-3和图4-4分别表示
的时间区间为5年、10年、15年和17年的结果,起始年份均从1990年开
始,实线表示失业率回归系数的变化趋势,虚线表示95%水平的稳健标准
差。总体上看,失业率与死亡率之间存在着比较明显的负向关系,失业率
的增加可能有利于死亡率的降低,即存在着死亡率的顺周期现象。进一步
观察可以发现,当时间区间延长时,失业率的系数变化趋势更为平滑,这说
明当时间区间更长时,顺周期现象可能更为明显,结果可能更为稳健;伴
随着起始年份的逐步推移,失业率的系数进一步下降,死亡率的顺周期现

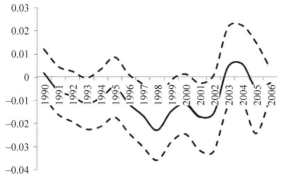

图 4-1　初始年份的 5 年窗口期

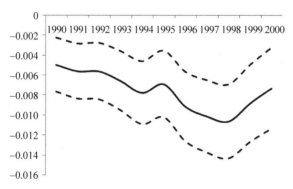

图 4-2　初始年份的 10 年窗口期

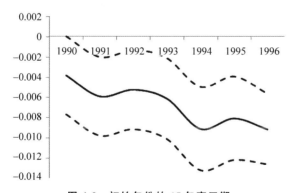

图 4-3　初始年份的 15 年窗口期

象更为明显。进一步比较 5 年、10 年、15 年和 17 年区间内死亡率的顺周期,可以发现,四个区间失业率系数的最小值分别是 -0.0229、-0.0101、-0.0091 和 -0.0078。这表明,随着样本时间范围的增加,死亡率的顺周期可能逐步减弱,这进一步说明死亡率的顺周期可能是短期和中期现象,而非长期现象。我们认为,如果失业率变化带来的死亡率变化展现出比较平

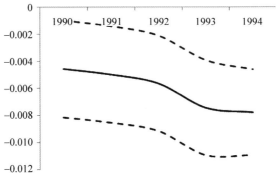

图 4-4   初始年份的 17 年窗口期

均的波动或者比较平稳的波动,那么这背后可能存在着比失业率变化带来的影响更为显著和明显的其他因素的变动,进而使得死亡率变化更大,并且这种更为显著和明显的其他因素的变动随着时间的推移可能更为凸显,特别在当前表现得尤为明显。

进一步改变样本时间区间的选择方法,在"固定起始年份"或"固定结尾年份"的基础上连续不断变动样本时间区间,来观察死亡率的顺周期现象。图 4-5 表示的起始年份固定,且为 1990 年,然后分别选取 1990 至 1994+n 年(n 为 1,2,…,16)的时间区间,我们发现随着时间区间的增加,死亡率的顺周期现象更为明显和平稳,且有不断增加的趋势。图 4-6 表示的是结尾年份固定,且为 2010 年,然后分别选取 1990+n 至 2010 年的时间区间(n 为 1,2,…,9),我们发现,随着时间区间逐步向 2010 年逼近,失业率系数的绝对值越来越大,这种顺周期现象越来越明显。

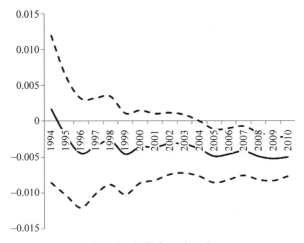

图 4-5   结尾年份窗口期

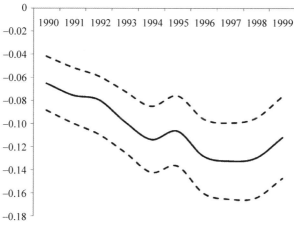

图 4-6　初始年份窗口期

因此,有理由相信,在失业率短暂上升的背后有一个更为关键的因素在推动着国民健康水平的改善,这个关键因素在当前表现得尤为明显。通过梳理现有文献和来自检验数据的证实,作为连接经济周期和国民健康的因素,环境污染(环境质量下降)的可能性更为明显。这主要是因为在全球范围内,在 102 类主要疾病、疾病组别和残疾中,环境风险因素在其中 85 类中导致疾病负担。在全球范围内,估计 24% 的疾病负担(健康寿命年损失)和 23% 的意外死亡(早逝)可归因于环境因素(世界卫生组织,2004)。同时,环境污染(环境质量下降)与经济周期的关系极为密切,经济衰退时,大量的工厂关闭,经济活动也会相应减少,工业污染源以及其他的经济活动所产生的污染都会出现不同程度的下降,由经济衰退所导致的污染物排放减少和环境质量的改善成为健康改善的一个重要传导路径。而且环境污染对健康的影响可能会存在着累积性,即长时期的污染暴露所累积的健康效应远大于一次性污染暴露所产生的健康危害,这也在一定程度上解释说明了为什么"随着时间区间逐步向 2010 年逼近,失业率系数的绝对值越来越大,这种顺周期现象越来越明显和显著"。因此,接下来,在上述回归的基础上,进一步引入环境污染变量,来考察这一被长期忽视的传导机制。

(四)经济周期、环境污染与国民健康

基于数据的可得性以及污染物变量的特征,本部分主要选取可吸入颗粒物和二氧化硫作为度量环境污染的主要指标,相应的回归结果如表 4-9 所示。列(1)列(2)表示的是经济周期对环境污染的影响,可以发现,失业率与可吸入颗粒物浓度(PM_{10})和人均二氧化硫排放量呈现出显著的负

表 4-9　经济周期、环境污染对国民健康影响的回归结果

解释变量	被解释变量							
	PM₁₀	人均二氧化硫排放量	人口死亡率			五岁以下儿童死亡率	婴幼儿死亡率	预期寿命
	(1)	(2)	(3)	(4)	(5)	(6)	(7)	(8)
失业率	-0.3425**	-0.0021***	-0.0041*	-0.0044*	-0.0039*	-0.0141*	-0.0157*	0.0014*
	(-2.14)	(-1.95)	(-3.74)	(-3.89)	(-3.56)	(-8.60)	(-7.82)	(6.21)
失业率×T	0.2815	0.0004	0.0014*	0.0060*	0.0301	0.1799*	0.01767*	-0.0024*
	(1.22)	(0.26)	(3.18)	(2.96)	(-0.9)	(6.38)	(-5.38)	(-6.96)
PM₁₀			0.0014*		0.0014*	0.0013*	0.0013*	-0.0001*
			(6.05)		(6.25)	(4.4)	(3.8)	(-3.72)
人均二氧化硫排放量				0.0003***	0.0002			
				(-1.76)	(-0.9)			
系列人口因素	YES	YES	YES	YES	YES	YES	YES	YES
其他控制变量	YES	YES	YES	YES	YES	YES	YES	YES
人口权重	YES	YES	YES	YES	YES	YES	YES	YES
地区变量	YES	YES	YES	YES	YES	YES	YES	YES
时间变量	YES	YES	YES	YES	YES	YES	YES	YES
R^2	0.5362	0.1235	0.5195	0.4899	0.5058	0.4171	0.9679	0.9755
样本国家	86	83	86	83	82	85	85	86
样本数	1594	1548	1594	1548	1528	1573	1573	1594

说明：括号内为 T 值；***、**、* 分别表示在 1%、5% 和 10% 的统计水平上显著；经济周期与环境污染的方程中，控制变量包括人口因素（老年抚养率和幼儿抚养率）和社会经济因素（工业增加值占比、FDI 比重、进出口比重、国民收入）。

相关,其中当失业率每提高 1 个百分点时,可吸入颗粒物和二氧化硫浓度分别下降 0.3425 和 0.0021,这表明经济衰退时期的环境质量会出现不同程度的好转。我们在健康方程中进一步加入可吸入颗粒物和二氧化硫,回归结果见列(3)~(8),将表 4-9 中列(3)、列(4)、列(5)的回归结果与表 4-7 中的列(4)进行比较可以发现,当加入 PM_{10} 后,失业率的系数从-0.0049 上升至-0.0041,系数的绝对值下降了 16.12%;当加入二氧化硫变量后,失业率的系数绝对值下降了 10.2%;当同时加入可吸入颗粒物和二氧化硫后,失业率系数的绝对值下降了 20.4%。这说明环境污染成为经济周期影响国民健康的重要渠道,经济衰退时期空气污染改善所带来的健康贡献大致占到了 20%左右,而且其中尤以可吸入颗粒物数值变化的贡献最大。同时,进一步将表 4-9 中的列(6)、列(7)、列(8)分别与表 4-7 中的列(6)、列(7)、列(8)的回归结果进行比较,在此仅以可吸入颗粒物变量进行分析。当加入可吸入颗粒物后,失业率使得五岁以下儿童死亡率、婴幼儿死亡率的影响系数的数值分别上升至-0.0141、-0.0157,预期寿命的影响系数下降为 0.0014,系数的绝对值分别下降了 19.42%、16.93%和 6.67%。因此,有理由相信,环境污染是经济周期影响国民健康的一个不容忽视的传导途径,这也进一步证实了上述推测。

(五) 稳健性检验

尽管失业率是度量经济周期的最为重要的指标之一,但是它并不能包含经济周期的全部信息,同时考虑到国民健康存在着时间上的动态关系以及可能存在的内生性问题,接下来进一步通过替换经济周期指标、引入动态面板数据模型并考虑内生性问题进行稳健性检验,以保证分析的可靠性。

1. 替换其他指标

在宏观经济学中,经济增长率的波动也常被用于经济周期的度量,我们采取了 HP 滤波方法测度经济增长率的周期。表 4-10 展示了以经济增长率为替换指标后经济增长周期、环境污染对国民健康影响的回归结果。除个别变量不显著外,经济增长周期与各项国民健康指标之间呈现出显著的相关关系,国民健康的顺周期现象明显。在列(1)、列(3)、列(5)、列(7)的基础上,进一步引入 PM_{10} 指标,我们发现,经济增长周期变量回归系数的绝对值均出现了不同程度的下降,这进一步证实了环境污染可能是经济周期影响国民健康的重要中介变量,这表明结论是稳健的。

表 4-10　经济增长周期、环境污染对国民健康影响的回归结果(替换指标)

解释变量	被解释变量							
	死亡率	死亡率	五岁以下儿童死亡率	五岁以下儿童死亡率	婴幼儿死亡率	婴幼儿死亡率	预期寿命	预期寿命
	(1)	(2)	(3)	(4)	(5)	(6)	(7)	(8)
经济增长周期	0.0028**	0.0024*	0.0033	0.0026***	0.0032***	0.0025***	−0.0006***	−0.0005**
	(2.14)	(2.67)	(1.01)	(1.94)	(1.83)	(1.86)	(−1.72)	(−2.54)
经济增长周期×T	0.0001**	0.0017	0.0067	−0.0061	−0.0066	−0.0053***	−0.0009	−0.0011
	(2.03)	(1.52)	(−1.45)	(−1.3)	(−1.21)	(1.98)	(1.63)	(1.59)
PM_{10}		0.0005		0.0005		0.0003		−0.0001
		(2.97)		(1.82)		(1.94)		(2.31)
其他控制变量	YES	YES	YES	YES	YES	YES	YES	YES
系列人口因素	YES	YES	YES	YES	YES	YES	YES	YES
人口权重	YES	YES	YES	YES	YES	YES	YES	YES
样本国家	88	86	87	85	87	85	88	86
样本数	1779	1733	1785	1712	1786	1712	1779	1733
R^2	0.4140	0.4186	0.3453	0.3567	0.3365	0.3678	0.6407	0.6357

说明:括号内为 T 值;***、**、*分别表示在 1%、5%和 10%的统计水平上显著;经济周期与环境污染的方程中,其他控制变量包括人口因素(老年抚养率和幼儿抚养率)和社会经济因素(工业增加值占比、FDI 比重、进出口比重、国民收入)。

2. 动态面板数据

表 4-11 显示的是采用系统 GMM 和差分 GMM 方法得到的稳健性检验结果,同时还进一步比较了考虑内生性前后的变化,我们的分析以系统 GMM 的结果为准。系统 GMM 的结果显示,AR(2)的检验结果支持估计方程的误差项不存在二阶序列相关的原假设,Hansen 过度识别检验也不能拒绝工具变量有效的原假设,因此工具变量的选择是有效的。选取的国民健康指标为死亡率,经济周期指标为失业率。总体上看,国民健康的滞后项(L.因变量)系数显著为正,说明国民健康确实存在着很强的连续性,同时,失业率对死亡率的影响也同样显著为负,即存在着明显的死亡率顺周期现象。进一步分析发现,无论考虑内生性问题与否,采用系统 GMM 方法得到的失业率回归系数值均比原静态面板数据模型的系数值小,令其出现了不同程度的下降;进一步考虑内生性问题,失业率的回归系数进一步下降,这说明,之前的结果可能高估了失业率对国民健康的影响。即使如此,失业率对国民健康的影响依然显著存在,当进一步加入 PM_{10}后,失业率回归系数的绝对值出现了不同程度的下降,这再次证明了环境污染是经济周期影响国民健康的重要传递途径。差分 GMM 方法得到的结果和结论与系统 GMM 方法基本一致。

表 4-11　经济增长周期、环境污染对国民健康影响的回归结果(系统 GMM 和差分 GMM)

解释变量	系统 GMM				差分 GMM			
	不考虑内生性		考虑内生性		不考虑内生性		考虑内生性	
	(1)	(2)	(3)	(4)	(5)	(6)	(7)	(8)
L. 因变量	0.8099*	0.7815*	0.8579*	0.8562*	0.1407*	0.1527*	0.1919*	0.2206*
	(10.92)	(12.25)	(15.21)	(14.35)	(11.24)	(12.25)	(7.44)	(7.87)
失业率	-0.0027*	-0.0021*	-0.0012**	-0.0010**	-0.0022*	-0.0016*	-0.0036*	-0.0030*
	(-6.14)	(-3.87)	(-2.44)	(-2.45)	(-4.65)	(-3.43)	(-6.5)	(-4.76)
失业率×T	0.0038*	0.0035*	0.0014*	0.0015*	0.0016*	0.0012***	0.0030*	0.0031*
	(7.44)	(6.97)	(3.34)	(3.89)	(3.08)	(2.14)	(4.58)	(4.76)
PM_{10}		0.0014**		0.0022***		0.0013		-0.0019
		(2.15)		(1.82)		(0.15)		(-0.02)
系列人口因素	YES	YES	YES	YES	YES	YES	YES	YES
其他控制变量	YES	YES	YES	YES	YES	YES	YES	YES
人口权重	YES	YES	YES	YES	YES	YES	YES	YES
AR(1)	0.0000	0.0000	0.0000	0.0000	0.0000	0.0000	0.0000	0.0000
AR(2)	0.4524	0.4524	1.0000	1.0000	0.0766	0.0836	0.0990	0.1223
Hansen	0.3842	0.3842	0.4893	0.4977	0.2875	0.3353	0.9471	0.9528
样本国家	88	86	88	86	88	86	88	86
样本数	1562	1540	1573	1540	1433	1405	1432	1405

说明:被解释变量为死亡率;括号内为 T 值;*、**、*** 分别表示在 1%、5% 和 10% 的统计水平上显著;经济周期与环境污染的方程中,其他控制变量包括人口因素(老年抚养率和幼儿抚养率)和社会经济因素(工业增加值占比、FDI 比重、进出口比重、国民收入)。

第四节　小　　结

　　本章在环境健康经济学效率理论分析的基础上,分别从中国分析视角、统计分析视角和跨国分析的视角评估识别了环境质量下降(污染)对健康人力资本的影响。归结起来,本章包括三部分的内容:在第一部分,借助一个省级面板数据模型,从一般性角度评估识别了环境污染对健康人力资本的影响,得到了环境质量下降(污染)引发健康效应的基本证据。在第二部分,借助污染物暴露方程模型与队列分析方法,采用经济价值评估方法,统计测算了2003—2016年中国113个重点城市环境污染的健康负担及其所带来的经济价值损失,总体上发现,环境污染对健康人力资本所带来的损害大致占当年GDP比重的1.7%~4.8%。在第三部分,构建了一个跨国面板数据库,借助经济周期这一外生冲击,考虑在经济增长下降的条件下,环境污染排放减少、环境质量改善后公众健康的反应。本部分将失业率作为经济周期的代理变量,重点观察失业率变化前后,预期寿命和死亡率的变化情况,以及不同年龄段、不同性别、不同发展程度条件下的一致性差异,还进一步识别了这种效应的短期性和长期性。总体上发现,经济周期与国民健康之间确实存在着比较显著的关系,伴随着失业率的上升,环境质量确实会得到一定程度的改善,由此也会带来健康的改善,但是这主要表现为一种短期现象。估测后发现,环境质量大概能够解释经济周期健康效应中20%左右的部分,从短期来看,一定程度的经济增长放缓并非一无是处,可能会带来一定程度的健康福利改善。我们还进一步发现,过度经济衰退必然会导致健康福利损失的加剧,因此,相应的政策启示也应该辩证看待。

　　从政策启示来看,无论是全球还是中国,环境污染给健康确实带来了不利的影响,而中国环境污染的健康代价仅空气污染就占到GDP的4%左右。从政策制定的思想来看,必须综合权衡发展的成本和收益,树立健康增长、高质量增长的理念。此外,经济的换挡升级、适度的放缓可能并非一无是处,至少可以带来一定程度的健康改善,而其中经济放缓所带来的环境质量改善为经济高质量发展腾出了改进的空间。但是这并不意味着要刻意放缓经济发展,而是要遵循经济发展和社会发展的规律,从更全面的福利视角去考虑经济增长的质量。

第五章　环境健康、卫生保健、污染减排与经济增长

考虑到第四章已经从经验分析的角度讨论了环境质量下降(污染)对健康人力资本的影响,根据前文环境健康经济学效率理论对环境、健康与经济增长间关系的阐述(具体见第三章第二节第四部分),接下来本章将主要从理论上阐述环境健康人力资本效应及其对经济增长的影响,并解释在环境健康经济效应分析框架中应如何有效权衡卫生健康政策和环境政策。

第一节　环境质量、健康人力资本与经济增长:理论分析

一、理论模型

在 Blanchard(1985)世代交叠模型的基础上,纳入人力资本积累和环境因素。出生于时间 s 的代理人面对着一个固定的可能死亡率 $\lambda_s \geqslant 0$,因此预期寿命为 $e_s = 1/\lambda_s$。在时间 s 时,公共健康与污染物负相关,而与公共健康支出占 GDP 的比重正相关,即 $\varepsilon_s = \dfrac{\beta\theta_s}{\delta p_s^{\psi}}$。其中,$p$ 表示污染;θ 表示总产出中被政府用于提供公共健康服务的部分;$\beta>0$,表示健康部门的生产率;δ 表示正参数;$\psi>0$,表示污染对公众健康的影响。

代理人出生于 $s \leqslant t$ 时的预期效用函数为

$$\int_s^{\infty} U(c_{s,t}, p_t) e^{-(\rho+\lambda_s)(t-s)} dt \tag{5-1}$$

和

$$U(c_{s,t}, p_t) = \begin{cases} \dfrac{[c_{s,t} p_t^{-\phi}]^{1-1/\sigma} - 1}{1 - 1/\sigma} & \sigma \neq 1 \\ \ln c_{s,t} - \phi \ln p_t & \sigma = 1 \end{cases} \tag{5-2}$$

其中,$c_{s,t}$ 表示出生于 s 时期的代理人在第 t 期的消费;ϕ 表示环境因素在效用函数中的权重,即环境保护;σ 表示跨期替代弹性。

遵照以往学者的研究,代理人通过将时间配置到教育中以增加人力资

本存量,即

$$\dot{h}_{s,t} = B[1 - u_{s,t}]h_{s,t} \qquad (5\text{-}3)$$

其中,B 表示教育行为的效率;$u_{s,t} \in [0,1]$,表示出生于 s 时期的代理人在第 t 期投入到生产中的部分人力资本;$h_{s,t}$ 表示出生于 s 时期的代理人在第 t 期的人力资本存量。基于一个简单的人口结构,加总的消费为 $C_t = \int_{-\infty}^{t} c_{s,t} L_{s,t} \mathrm{d}s$,加总的人力资本为 $H_t = \int_{-\infty}^{t} H_{s,t} \mathrm{d}s$。

加总的生产函数定义为

$$Y_t = K_t^{\alpha} \left[\int_{-\infty}^{t} u_{s,t} H_{s,t} \mathrm{d}s \right]^{1-\alpha}, \quad 0 < \alpha < 1 \qquad (5\text{-}4)$$

其中,Y_t 表示最终的总产出,K_t 表示物质资本,$\int_{-\infty}^{t} u_{s,t} H_{s,t} \mathrm{d}s$ 表示用于生产中的加总人力资本。沿用 Gradus and Smulders(1993)的研究结果,污染物伴随着物质资本 K 的增加和减排行为 A 的减少而增加:$\rho_t = \left[\dfrac{K_t}{A_t} \right]^{\gamma}$,$\gamma > 0$。减排行为需要使用最终产品,因此最终的市场出清条件是 $(1-\theta_t)Y_t = C_t + K_t + \xi A_t$,$\xi > 0$。

接下来进一步分析环境对长期增长均衡的影响,其中,在稳态中,变量 K,A,Y,C 和 H 均内生于增长率 g^*,同时人力资本在部门间的分配 u 和最终产品用于公共健康服务的比重 θ 是固定的。

区别于设定的健康方程 $H_{s,t} = h_{s,t} L_{s,t}$,假定 $\dot{H} = \int_{-\infty}^{t} [\dot{h}_{s,t} L_{s,t} + h_{s,t} \dot{L}_{s,t}] \mathrm{d}s + h_{t,t} L_{t,t}$。因为 $L_{s,t} = \lambda_s \mathrm{e}^{-\lambda_s(t-s)}$,可以得到 $\dot{H} = \int_{-\infty}^{t} \dot{h}_{s,t} L_{s,t} + \int_{-\infty}^{t} \lambda_s h_{s,t} L_{s,t} \mathrm{d}s + h_{t,t} L_{t,t}$。定义 $h_{t,t} = \eta H_t (\eta \in [0,1])$,加总人力资本为

$$\dot{H} = \int_{-\infty}^{t} B[1 - u_{s,t}] H_{s,t} \mathrm{d}s - \int_{-\infty}^{t} \lambda_s H_{s,t} \mathrm{d}s + \eta \lambda_t H_t \qquad (5\text{-}5)$$

其中,$\int_{-\infty}^{t} B[1 - u_{s,t}] H_{s,t} \mathrm{d}s$ 表示出生于 $s(s \le t)$ 时期的代理人在第 t 期投资于教育所产生的人力资本积累;当所有代加总时,伴随着 $\int_{-\infty}^{t} \lambda_s H_{s,t} \mathrm{d}s$ 的增加,$H_{s,t}$ 逐渐消失;$\eta \lambda_t H$ 表示新一代的规模 λ_s 出现,将 $\lambda_s h_{t,t}$ 加入增长中。因此,加总的人力资本会随着 $\int_{-\infty}^{t} \lambda_s H_{s,t} \mathrm{d}s - \eta \lambda_t H$ 的增加而降低。由于依赖于死亡的概率以及代理人的生存可能受到污染的影响,因此,虽然环境不会影响到个体层面的认知能力,但是污染依然会影响到总体水平上

的人力资本。进一步,最大化社会福利函数:

$$\max_{\substack{c_{s,t},u_{s,t},A_t,\theta_t,\\K_t,H_t,H_{s,t}}} \int_0^\infty \left\{ \int_{-\infty}^t U(c_{s,t},p_t)L_{s,t}\mathrm{d}s \right\} \mathrm{e}^{-\rho t}\mathrm{d}t \tag{5-6}$$

$$\mathrm{s.\,t.}\quad K_t = (1-\theta_t)K_t^\alpha \left[\int_{-\infty}^t u_{s,t}H_{s,t}\mathrm{d}s \right]^{1-\alpha} - \int_{-\infty}^t c_{s,t}L_{s,t}\mathrm{d}s - \xi A_t$$

$$H = \int_{-\infty}^t B[1-u_{s,t}]H_{s,t}\mathrm{d}s - \int_{-\infty}^t \lambda_s H_{s,t}\mathrm{d}s + \eta\lambda_t H_t$$

$$H_t = \int_{-\infty}^t H_{s,t}\mathrm{d}s$$

$$p_t = \left[\frac{K_t}{A_t} \right]\gamma, \quad \lambda_t = \frac{\delta p_t^\psi}{\beta\theta_t}$$

$K_t>0,H_t>0,K_0$ 和 L_0 给定。

给定 $\lambda_s = \lambda_t$,$u_{s,t} = u_t$ 和 $c_{s,t} = c_t$。遵循均衡增长路径(BGP)优化人力资本配置:

$$u^* = \frac{\sigma\rho}{B} + (1-\sigma)\frac{B-\Lambda(p^*)(1-\eta)}{B}, \quad \forall\sigma \tag{5-7}$$

其中,$\Lambda(p^*) = \dfrac{2(1-\alpha)\delta}{\beta\left[-(\sigma-\alpha)\varphi + \sqrt{(\sigma-\alpha)^2\varphi^2 + 4(1-\alpha)^2\varphi/p^{*\psi}} \right]}$伴随着长

期污染的增加而增加,$\gamma\left(\dfrac{1-\alpha}{\alpha}\right)\left[\phi + \dfrac{(1-\eta)\Lambda(p^*)}{\rho} \right]\left[B + p^{*-1/\lambda} - (1-\eta)\Lambda(p^*) \right] + \gamma\phi\rho - \xi p^{*-1/\gamma} = 0$。遵循平衡增长路径,净污染是固定的,表示环境质量在长期是固定,最后均衡增长路径中的最优增长率为

$$g^* = \sigma B - \sigma\rho - \sigma\Lambda(p^*)(1-\eta) \tag{5-8}$$

很显然,平衡增长路径中的最优增长率受到环境污染的负向影响,这一结果不因代际间的消费替代弹性的改变而改变。因此,在 Blanchard(1985)世代交叠模型的基础上考虑人力资本积累,我们发现,环境因素对长期最优增长的影响可以由污染对预期寿命的影响来解释。因此,健康因素确实是环境污染影响经济增长的重要渠道。

二、数值模拟

由于污染与最优经济增长的关系为非线性的,还需要进行进一步的参数模拟,因此借鉴 Pautrel X.(2009)的做法,假设时间偏好率(ρ)为 0.0065,劳动收入占产出的份额(α)为 0.3,从而 $\alpha = 0.3$。先假定环境因素在效用函数中的比重(ϕ)为 0.001,继承的人力资本系数 $\eta = 0.85$,健康部

门的生产率 $\beta = 0.12$，教育行为的效应 $B = 0.1$，环境污染对健康的影响 $\psi = 2$，其他系数 $\xi = 0.0075$，$\gamma = 0.3$，$\delta = 0.025$。

表 5-1 表示的是环境健康因素对平衡增长路径上经济增长率、环境污染、死亡率、资本产出比影响的变化趋势。可以看出，当环境对健康的影响越大时，环境污染可能会更为严重，经济增长率越低；进一步来看，当环境因素占效用函数的比重越大时，经济增长率越高。对此，我们认为，环境污染对健康所产生的不利影响会阻碍或者减缓经济增长。但是，当健康部门的生产效率越高时，经济增长率越高，这暗含着污染健康效应对经济增长所产生的负面效应起到缓解作用；当教育行为的效应越大时，经济增长率也越高，同样暗含着污染健康效应对经济增长所产生的负面效应起到缓解作用。人们对环境的重视程度越高，越有利于经济增长。

表 5-1　数值模拟的结果

参数	Benchmark	$\psi = 1$	$\psi = 3$	$\phi = 0.007$	$\phi = 0.1$	$B = 0.15$	$\xi = 0.015$
g	0.03308	0.03450	0.03060	0.03298	0.03358	0.08324	0.03278
p	1.11584	1.00300	1.24200	1.13103	0.84223	1.01481	1.31590
λ	0.01279	0.01029	0.01435	0.01299	0.00959	0.01159	0.01509
u	0.64956	0.64728	0.65378	0.64956	0.64956	0.42971	0.64956
Y/K	0.35116	0.56342	0.24570	0.35036	0.37824	0.52734	0.35396
C/K	0.30579	0.37646	0.24191	0.30519	0.35266	0.42731	0.30679
H/K	0.34507	0.39514	0.29538	0.34397	0.38374	0.92527	0.34906
A/K	0.69183	0.76780	0.62500	0.66135	1.76700	0.94945	0.39933
θ	0.02029	0.01654	0.02452	0.02049	0.01529	0.01849	0.02388
W	7.80469	8.57670	6.99340	7.79470	8.19442	19.68660	7.69476

第二节　环境质量、卫生服务、污染减排与经济增长

一、模型设定

遵循 Agénor（2008）的做法，考虑一个包含代表性家庭和政府的经济体，在当前的健康水平 H 条件下，利用物质资本 K 生产产品 Y：

$$Y = H^{\beta} K^{1-\beta} \tag{5-9}$$

生产函数假定为一个柯布道格拉斯形式。然而，在生产过程中会产生污染 P 与公共减排 M 的减函数：

$$P = \left(\frac{M}{Y}\right)^{-\mu} Y \tag{5-10}$$

因为空气污染对健康的威胁已经被普遍认可和达成共识(世界卫生组织,2013),因此,家庭健康地位会受到影响:

$$H = G_H^{1+\omega} P^{-\omega} \qquad (5\text{-}11)$$

其中,G_H 表示政府提供的健康保健服务。

在需求端,代表性家庭中的正效用来自消费 C、健康地位 H,负效用来自污染 P,相应约束条件下的效用最大化函数为

$$\text{Max} \int_0^\infty U(C,H,P) e^{-\rho t} dt \qquad (5\text{-}12)$$

其中,U 表示效用函数,ρ 表示时间偏好率,为了分析需要,效用函数可以进一步改写为

$$U(C,H,P) = \ln C + \xi \ln H - \eta \ln P \qquad (5\text{-}13)$$

其中,ξ 和 η 分别测度健康和污染对家庭的影响,$\xi,\eta>0$。

家庭选择消费 C 来实现式(5-13)的效用最大化,满足预算约束:

$$K = Y - C + T \qquad (5\text{-}14)$$

其中,T 表示来自政府的转移支付。也就是说,家庭的未消费收入来自生产和转让中新增的资本。

当前价值条件下的汉密尔顿方程可以给定为

$$L = \ln C + \xi \ln H - \eta \ln P + \lambda [H^\beta K^{1-\beta} - C + T] \qquad (5\text{-}15)$$

对于式(5-15),一阶最优化条件为

$$\frac{1}{C} = \lambda \qquad (5\text{-}16a)$$

$$[(1-\beta)H^\beta K^{-\beta}]\lambda = -\dot{\lambda} + \rho\lambda \qquad (5\text{-}16b)$$

$$\lim_{t \to \infty} \lambda K e^{-\rho t} = 0 \qquad (5\text{-}16c)$$

使用式(5-16a)和式(5-16b),消费的最优变化给定为

$$\frac{\Delta C}{C} = (1-\beta)\left(\frac{H}{K}\right)^\beta - \rho \qquad (5\text{-}17)$$

式(5-17)的消费满足标准的凯恩斯-拉姆齐规则。

对于政府而言,为了筹集税收,其收入假定来自外部捐赠。遵循 Chatterjee and Turnovsky (2007)的做法,援助 R 占经济产出的一定比例 φ,也就是 $R=\varphi Y$。进一步,假定财政支出(υ)被分配到健康保健和污染减排中相应的比例分别为 δ 和 $1-\delta$。另外,援助中的 $1-\upsilon$ 表示转到家庭的收入,相应地得到:

$$G_H = \delta \upsilon R \qquad (5\text{-}18a)$$

$$M = (1-\delta) \upsilon R \qquad (5\text{-}18b)$$

$$T = (1 - v)R \tag{5-18c}$$

二、长期增长

本部分我们将探讨分配到健康保健和污染减排中的支出如何支撑经济长期均衡增长。遵循已有研究惯例,定义新的变量如下:

$$\chi = \frac{C}{K}, \quad y = \frac{K}{H} \quad 和 \quad z = \frac{P}{H} \tag{5-19}$$

根据这些界定,经济动态系统中转换形式的变量被概括为以下形式的方程:

$$\frac{\dot{\chi}}{\chi} = \frac{\dot{C}}{C} - \frac{\dot{K}}{K} = \chi - [\beta + \phi(1 - v)]y^{-\beta} - \rho \tag{5-20}$$

$$\frac{\dot{y}}{y} = \frac{\dot{K}}{K} - \frac{\dot{H}}{H} = [1 + \phi(1 - v)]y^{-\beta} - \chi(v\phi\delta)^{1+\omega}y^{(1+\omega)(1-\beta)}z^{-\omega} \tag{5-21}$$

$$\frac{\dot{z}}{z} = \frac{\dot{P}}{P} - \frac{\dot{H}}{H} = [v\phi(1 - v)]^{-\mu}y^{1-\beta}z^{-1} - (v\phi\delta)^{1+\omega}y^{(1+\omega)(1-\beta)}z^{-\omega} \tag{5-22}$$

通过设定 $\dot{x} = \dot{y} = \dot{z} = 0$,相应的问题均衡值分别为

$$\dot{\chi} = [\beta + \phi(1 - v)]\left\{(1 - \beta)^{1-\omega}(v\phi\delta)^{-(1+\omega)}[v\phi(1 - \delta)]^{-\mu\omega}\right\}^{\frac{-\beta}{1-\omega\beta}} + \rho \tag{5-23}$$

$$\tilde{y} = \left\{(1 - \beta)^{1-\omega}(v\phi\delta)^{-(1+\omega)}[v\phi(1 - \delta)]^{-\mu\omega}\right\}^{1/1-\omega\beta} \tag{5-24}$$

$$\tilde{z} = \frac{[v\phi(1 - \delta)]^{-\mu}}{(1 - \beta)}\left\{(1 - \beta)^{1-\omega}(v\phi\delta)^{-(1+\omega)}[v\phi(1 - \delta)]^{-\mu\omega}\right\}^{1/1-\omega\beta} \tag{5-25}$$

在稳态增长均衡中,均衡增长率为

$$\dot{\gamma} = \gamma\tilde{Y} = \gamma\tilde{H} = \gamma\tilde{K} = \gamma\tilde{c} = (1 - \beta)\tilde{y}^{-\beta} - \rho \tag{5-26}$$

遵循均衡增长路径,产出、健康、物质资本和消费均以相同速度增长,因此可以得到支出对经济长期增长率的影响,为

$$\frac{\partial\tilde{\gamma}}{\partial v} = \beta(1 - \beta)\tilde{y}^{-(\beta+1)}\frac{\Lambda}{1 - \omega\beta}\frac{1 + \omega(1 + \mu)}{v} > 0 \tag{5-27}$$

$$\frac{\partial\tilde{\gamma}}{\partial\delta} = \beta(1 - \beta)\tilde{y}^{-(\beta+1)}\frac{\Lambda}{1 - \omega\beta}\left[\frac{-(1 + \omega)}{\delta} + \frac{\mu\omega}{(1 - \delta)}\right] \begin{array}{c} > \\ < \end{array} 0; \frac{1 + \omega}{\delta} \begin{array}{c} > \\ < \end{array} \frac{\mu\omega}{1 - \delta} \tag{5-28}$$

其中,$\Lambda = \left\{(1-\beta)^{1-\omega}(v\phi\delta)^{-(1+\omega)}[v\phi(1-\delta)]^{-\mu\omega}\right\}^{1/1-\omega\beta} > 0$,式(5-27)表示当支出中有更大比例分配到健康保健和减排中时,经济增长率更高。换言

之,更高的 υ 往往与更高的物质资本回报率相关。

健康保健支出增加对经济均衡增长的影响是模棱两可的,有来自正反两方面的作用。增加 δ 意味着物质资本回报降低,使得代表性家庭将获得更少的当前投资,因而似乎是降低均衡增长率的;另一方面, δ 的增加使得健康支出增加,提高了物质资本回报,使得代表性家庭增加当前投资,进而提高均衡增长率。如果污染对家庭成员的健康有显著影响,那么降低支出中用于污染减排的支出会降低甚至损害经济增长率。

下面进一步得到实现最大化均衡增长率的健康保健比例为

$$\delta^* = \frac{1 + \omega}{1 + (1 + \mu)\omega} \tag{5-29}$$

式(5-29)提供了最优化增长的健康保健比例的最优条件,这表明:当 δ 较小时,通过提高健康保健占比是可以改善增长的;然而,当 δ 较大时,增加健康保健占比可能对经济增长不利。给定财政支出中健康保健和污染减排的总额,健康保健支出和污染减排支出之间可能面临着权衡。

进一步,当不考虑污染减排的外部性时,用于污染减排方面的支出不会改善经济增长率。但是当污染减排存在外部性,最优化增长的健康保健占比影响会更小,这意味着,应该将更多的资源投入到污染减排中。

第三节　小　　结

在 Blanchard(1985)世代交叠模型的基础上,本章纳入人力资本积累和环境因素,考察了环境污染是如何通过健康影响到经济增长的,以及教育人力资本和医疗服务在其中发挥的作用。研究发现,平衡增长路径中的最优增长率受到环境污染的负向影响,这一结果不因代际间的消费替代弹性而改变,环境因素对经济长期最优增长的影响可以由污染对预期寿命的影响来解释。因此,健康因素确实是环境污染影响经济增长的重要渠道。进一步的数值模拟也证明了这一结论的可靠性。同时,还发现当环境因素在效用函数中的比重越大时,经济增长率越高;当健康部门的生产效率越高时,经济增长率也越高,这暗含着污染健康效应对经济增长所产生的负面效应起到缓解作用;教育行为的效应越大,经济增长率也越高,同样暗含着污染健康效应对经济增长所产生的负面效应起到缓解作用。人们对环境的重视程度越高,越有利于经济增长。进一步分析发现,当财政支出中分配到健康保健中的比例较小时,通过提高健康保健占比是可以改善经济增长的,然而,当财政支出中分配到健康保健中的比例较大时,增加健康保健占比可能会对经济增长不利。给定财政支出中健康保健和污染减排的总额,健康保健支出和污染减排支出之间可能面临着权衡。当不考虑污染减排的外部性时,用于污染减排方面的支出是不会改善经济增长率的。但是当污染减排存在外部性时,最优化增长的健康保健占比会影响更小,这意味着应该将更多的资源投入到污染减排中。

进一步的理论提炼则是,通过在一个世代交叠模型中设定预期效用函数和生产函数,并将环境对健康人力资本的影响纳入其中,我们发现,在平衡增长路径中,最优的经济增长率会受到污染的影响,具体表现为污染对健康人力资本的影响,数值模拟也进一步佐证了结论。在环境健康经济效应分析框架中,公共政策的设计需要在健康保健政策和环境减排政策之间进行权衡,如果不考虑污染减排的外部性,那么用于污染减排方面的支出就不会改善经济增长率;但是当污染减排外部性存在,那么最优增长的健康保健占比影响更小,即应该将更多的资源投入污染减排中。

本章理论研究搭建的分析框架显现出一个非常有价值的政策启示,以往的发展经历似乎在告诉人们,通过一定程度的污染来换取经济增长似乎是恰到好处的事情,但是现实的情况可能并非如此。这是因为经济增长的收益大多是显性且可以通过统计得到的,而经济增长过程中环境污染所带来的负外部性尤其是对健康损害的负外部性带有一定的时滞性和隐蔽性,而且是不成比例地分布于不同地区和不同群体之中(第六章将重点研究)。更为重要的是,谁都无法判断和掌控经济增长过程中环境污染的损害程度,污染通过影响健康进而传导至教育领域、劳动力市场和要素资源配置的数量与质量,进而影响经济增长,这是与高质量发展相悖的,也正如本书开篇就提到的"保护生态环境就是保护生产力",这是实打实具有理论依据和现实素材支撑的重要原理。在保护环境的同时,如果能够恰到好处地改善环境,可以变"坏"为"利",最大限度地发挥资源环境红利的效用范围,所以说"改善生态环境就是发展生产力"。综上,本章的启示在于:动态监控环境健康的直接成本和间接成本、显性成本和隐性成本及其分布,有助于及时掌控发展的步伐和控制污染的程度。更重要的是需要从源头上降低环境健康风险,从过程中弱化环境健康成本、从结果里反向激励环境与健康之间的正向关系,对于塑造稳态高质量的增长模式具有重要的意义。

第六章　环境污染、国民健康与经济社会不平等

　　我们可以通过图 6-1 直观地观察环境污染与国民健康、经济社会不平等间的关系,可以看到,随着污染水平的提高,居民的预期寿命呈现明显的下降,贫困率和衡量居民收入分配差异的基尼系数则有不同程度的提高。而处于相同污染水平之下的居民个体或地区之间也存在着较大的差异,前文第三章第三节中环境健康公平理论所揭示的环境影响健康不平等的两种机制——差异化暴露水平和差异化健康效应——独立或混合发生作用,有助于我们更深刻地理解这一现象。

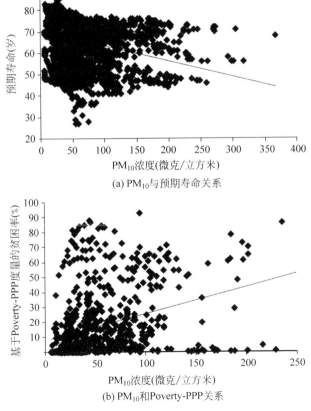

图 6-1　环境污染与健康、贫困、不平等的关系(1990—2010)

数据来源:WDI 数据库、UTIP 数据库

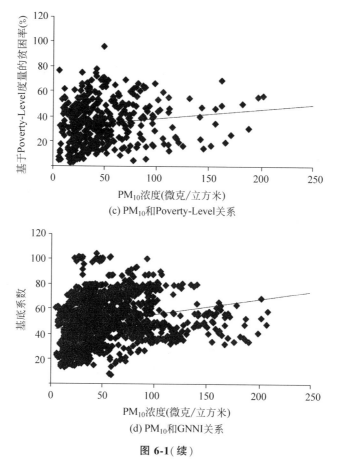

(c) PM$_{10}$和Poverty-Level关系

(d) PM$_{10}$和GNNI关系

图 6-1（续）

本章在延续前两章效率分析视角的基础上，将着重从公平维度阐述环境污染如何通过健康对经济社会不平等产生影响，即从理论和实证两个维度提出传导机制并提供经验证据。首先，从理论上构建了一个两生产部门世代交叠模型。其次，在实证上，通过一个多层嵌套广义线性回归模型实证检验了环境污染如何与经济社会地位叠加通过差异化的污染暴露效应和差异化的污染健康效应导致不平等，利用重点城市数据，比较分析了考虑污染健康损害前后，各个地区的健康福利不平等和收入不平等。最后，利用省级面板数据构建联立方程组模型验证了环境质量、健康人力资本与收入不平等之间的关系。

第一节 环境污染如何通过健康影响经济社会
不平等：理论分析

本部分从理论上构建了一个两生产部门世代交叠模型，在模型中，第一生产部门的投入要素为劳动，其边际产出受到环境质量的影响，第二生产部门的生产要素为资本，包括物质资本和人力资本，该部门的活动会排放污染物。如果劳动力在两个生产部门之间的流动存在障碍，那么部门之间的收入会产生差异，而当第二生产部门的生产活动扩张后会加剧污染，进而影响劳动的边际产出和劳动者的健康人力资本，导致不平等进一步扩大。如果第二生产部门资本投资的福利制度安排对第一生产部门的劳动者存在歧视，则会进一步激化收入不平等，进而形成环境、健康与收入之间的恶性循环。

一、个人决策

经济中存在着大量个体，代表性个体存活可分为两期。第一期为幼年期，个体没有独立消费和相关决策，仅接受父母一代的储蓄和人力资本投资；第二期为成年期，个体向社会供给劳动，其所有收入在消费和为子女储蓄、投资之间进行选择。假设人口没有性别之分，每个人都生育一个孩子且这些孩子都存活至发生生育行为，则经济中不存在人口净增长。将每一期出生的世代总人口单位化为 1，每一期的原始劳动力供给总量也化为 1。在 t 期出生的代表性个体 i，其效用为 u_t^i，是 $t+1$ 期消费、储蓄和人力资本投资的对数线性函数：

$$u_t^i = (1 - \beta - \gamma)\ln c_{t+1}^i + \beta \ln s_{t+1}^i + \gamma \ln x_{it}^i \qquad (6\text{-}1)$$

其中，c_{t+1}^i、s_{t+1}^i 和 x_{t+1}^i 分别表示 t 世代的人口在 $t+1$ 期的个人消费、对下一代的储蓄（或者说遗产）和人力资本投资。人力资本理论认为，人力资本应当包含健康、教育、培训、迁移等方面的内容。考虑到本章研究的需要，我们认为父母一代对子女的人力资本投资主要包含健康和教育方面的内容。父母一代决策时面临的预算为

$$c_{t+1}^i + s_{t+1}^i + x_{t+1}^i \leqslant I_{t+1}^i \qquad (6\text{-}2)$$

其中，I_{t+1}^i 是个体 i 在 $t+1$ 期的总收入，给定 $I_0^i > 0$。根据预算约束式（6-2），可以解出式（6-1）所表述的最优化问题，得到个体最优的消费、储蓄与人力资本投资：

$$c_{t+1}^{i} = (1 - \beta - \gamma) I_{t+1}^{i} \qquad (6\text{-}3\text{a})$$

$$s_{t+1}^{i} = \beta I_{t+1}^{i} \qquad (6\text{-}3\text{b})$$

$$x_{t+1}^{i} = \gamma I_{t+1}^{i} \qquad (6\text{-}3\text{c})$$

二、两部门生产

假定经济中存在两个生产部门,第一生产部门和第二生产部门。第一生产部门上标为 B,产出为 y_t^B。第二生产部门上标为 G,产出为 y_t^G。经济中的总产出 y_t,是两个生产部门产出的综合:

$$y_t = y_t^G + y_t^B \qquad (6\text{-}4)$$

两个生产部门具有不同的生产函数,投入要素也各不相同。

第一生产部门投入原始劳动 L_t,依靠环境质量 e_t,产出为

$$y_t^B = F(e_t, L_t) = e_t^{\sigma} L_t \qquad (6\text{-}5)$$

因此,第一生产部门的产出独立于劳动者所具有的人力资本,但依赖于环境质量。环境质量与劳动力呈互补的关系,环境质量越高,原始劳动力的边际生产率也越高。环境质量的变化,既受到自然规律的制约,又受到生产活动的影响。假定环境质量的动态变化取决于 $e_{t+1} = (1+\delta) e_t - \pi y_t^G$,其中 $\delta \in (0,1)$ 表示环境的自然改善率,而 $\pi \in (0,1)$ 表示第二生产部门的生产活动对环境造成的破坏。部门内部的企业之间完全竞争,劳动力的工资 w_t^B 由边际产出决定,由此我们可以得到第一生产部门劳动力的反需求函数:

$$w_t^B = e_t^{\sigma} \qquad (6\text{-}6)$$

第二生产部门投入物质资本 K_t 和人力资本 H_t,生产函数为

$$y_t^G = F(K_t, L_t) = K_t^{\alpha} H_t^{1-\alpha}, \quad 0 < \alpha < 1 \qquad (6\text{-}7)$$

第二生产部门的产出并不取决于当期的环境质量,每一期的物质资本完全折旧,下一期的物质资本由上一期的储蓄投资形成。本部门内部的企业之间是充分竞争的,要素的租金价格取决于其边际生产率。因此,给定人力资本和物质资本的价格 w_t^R 和 R_t,我们可以得到物质资本和人力资本的反需求函数:

$$w_t^G = (1 - \alpha) k_t^{\alpha} \qquad (6\text{-}8\text{a})$$

$$R_t = \alpha k_t^{\alpha-1} \qquad (6\text{-}8\text{b})$$

其中,$k_t = K_t / H_t$。t 期(出生于 $t-1$ 期)代表性原始劳动力具有的人力资本量为 h_t,是上一期公共人力资本投资 a_{t-1}、私人人力资本投资 x_{t-1} 与环境质量 e_{t-1} 的函数:

$$h_t = h(a_{t-1}, x_{t-1}, e_{t-1}) \tag{6-9}$$

环境质量 e 通过影响劳动者的健康状况而改变人力资本积累。为了便于后文分析,我们需要对人力资本积累函数做一些基本假定。第一,$\forall e > 0$,$h(0,0,e) = 1$,没有任何人力资本投资,也就没有人力资本积累。第二,人力资本投资边际报酬递减,$h_a > 0$,$h_{aa} < 0$;$h_x > 0$,$h_{xx} < 0$。第三,环境质量与人力资本投资互补,$h_{ae} > 0$,$h_{xe} > 0$。

令 θ_t 表示配置到第二生产部门的劳动力规模,剩余劳动力配置到第一生产部门,因此有 $L_t = 1 - \theta_t$,$H_t = \theta_t h_t$。

三、政府公共政策

经济中存在着一个以消费税筹资的政府,筹集的财政收入用于公共人力资本投资(含健康与教育)。消费税以比例税的形式征收,税率为 τ_t,总税收为 $T_t = \sum \tau_t c_t^i = \tau(1 - \beta - \gamma)I_t$。由于社会存在着一定程度的部门分割,政府公共服务的受益群体仅限于在第二产业部门就业的人口。这种公共服务受益面的差异,代表了一种社会经济地位的差异。我们假定没有人口增长,那么这种经济社会地位的差异将通过代际传承一直延续下去。

对于第二生产部门的劳动者而言,其享受到的人均公共服务收益为 $a_t = \tau_t(1-\beta)y_t/\theta_t$,而对于第一生产部门的劳动者,公共服务收益为 $a_t = 0$。

四、均衡存在性

如果不存在就业以及社会经济地位的分割,劳动力配置均衡受市场规律的支配,那么只有当一个典型的劳动力分别在两个生产部门得到的工作收入相等时,即 $w_{t+1}^B = w_{t+1}^G h_{t+1}$,劳动力市场才达到均衡。由于存在着就业和社会经济地位部门间的分割,经济中总是存在着劳动力从第一生产部门向第二生产部门流动的激励,但不存在劳动力从第二生产部门向第一生产部门流动的激励。因此,均衡需要由市场以外的力量加以维持。我们假定存在非市场力量维持劳动力市场的部门间配置,由政府选择确定第二生产部门就业的劳动力比例 θ_{t+1},使得两部门之间的工资收入维持在一定的比例水平之上:

$$\psi w_{t+1}^B = w_{t+1}^G h_{t+1} = \psi w_{t+1}, \psi \geqslant 1 \tag{6-10}$$

$\psi = 1$ 表示劳动力市场中不存在非市场的干预力量,劳动力能够自由流动。由于资本完全折旧,下期的物质资本完全取决于上期的储蓄,因此资本市场出清的条件可以表示为

$$S_t = \sum s_t^i = (1 - \beta - \gamma)I_t = K_{t+1} \qquad (6\text{-}11)$$

出生在 t 期的代表性个体 i，在 $t+1$ 期工作于第二生产部门的总收入为

$$I_{t+1}^{i,G} = w_{t+1}^G h_{t+1}^i + R_{t+1}s_t^i \qquad (6\text{-}12)$$

出生在 t 期的代表性个体 j，在 $t+1$ 期工作于第一生产部门的总收入为

$$I_{t+1}^{j,B} = w_{t+1}^B + R_{t+1}s_t^j \qquad (6\text{-}13)$$

所有工作一代人的总收入，等于经济中的总产出，即 $I_t = y_t$。由此我们不难得知，$t+1$ 期第二生产部门的产出和劳均资本是 t 期的产出 y_t、公共服务水平 a_t、环境质量 e_t 以及 $t+1$ 的就业比例 θ_{t+1} 的函数：

$$y_{t+1}^G = \left[(1 - \beta - \gamma)y_t\right]^\alpha \left[\theta_{t+1}h_{t+1}\right]^{1-\alpha} \equiv y^G(y_t, a_t, e_t, \theta_{t+1}) \qquad (6\text{-}14a)$$

$$k_{t+1} = \frac{K_{t+1}}{H_{t+1}} = \frac{(1 - \beta - \gamma)y_t}{\theta_{t+1}h_{t+1}} \equiv k(y_t, a_t, e_t, \theta_{t+1}) \qquad (6\text{-}14b)$$

接下来需要讨论模型总体均衡的存在性及其性质。

首先，可以证明，使得式（6-10）成立的 θ_{t+1} 是唯一存在的。证明：由于 $w_{t+1}^G = (1-\alpha)k_{t+1}^\alpha$，从式（6-14b）我们可知，$\partial w_{t+1}^G / \partial \theta_{t+1} < 0$。而 $w_{t+1}^B = e_{t+1}^\sigma$ 独立于 θ_{t+1}，因此使得等式 $\psi w_{t+1}^B = w_{t+1}^G h_{t+1}$ 成立的 θ_{t+1} 唯一存在。

其次，我们可以证明，满足式（6-6）、式（6-8a）、式（6-8b）、式（6-14）的 θ_{t+1}，也是使得经济中产出 y_{t+1} 最大化的 θ_{t+1}。证明：满足式（6-6）的 θ_{t+1}，即 $\theta_{t+1} = \arg\max y_{t+1}^B$；满足式（6-8a）、式（6-8b）的 θ_{t+1}，即 $\theta_{t+1} = \arg\max y_{t+1}^G$。式（6-10）保证了这一比例的唯一性。因此 $\theta_{t+1}^* = \arg\max\{y = y_{t+1}^B + y_{t+1}^G\}$。

五、环境质量变化与不平等

前面描述的模型中，环境质量既影响第一生产部门劳动力的边际生产效率，又影响第二部门劳动力积累的人力资本。在不同的收入禀赋、生产结构与社会经济地位分割的状态下，环境质量的改善与恶化，将对社会不平等产生不同的效果。令 ρ_{t+1} 表示第二生产部门与第一生产部门劳动力的收入比，表示社会收入不平等指标：

$$\rho_{t+1} = \frac{I_{t+1}^{i,G}}{I_{t+1}^{j,B}} = \frac{w_{t+1}^G h_{t+1}^{i,G} + R_{t+1}s_t^{i,G}}{w_{t+1}^B + R_{t+1}s_t^{j,B}} = \frac{(1-\alpha)k_{t+1}^\alpha h(a_t, x_t^{i,G}, e_t) + \alpha\beta k_{t+1}^{\alpha-1}I_t^{i,G}}{e_t^\sigma + \alpha\beta k_{t+1}^{\alpha-1}I_t^{j,B}}$$

$$(6\text{-}15)$$

假定两类人群的初始收入禀赋相同，$I_0^{i,G} = I_0^{j,B}$，则 $s_0^{i,G} = s_0^{j,B}$，我们可以得知 $\rho_1 = \psi$。在两部门生产结构的经济中，如果不存在劳动力的流动障碍，市场力量将使得两部门的劳动收益趋同，$\rho_1 = \psi = 1$。否则，若存在非市场力量对劳动力流动的干预，最终的结果将导致部门间的收入差异持

续存在，$\rho_1 = \psi > 1$。因此，在初始收入禀赋相同的前提下，收入不平等起源于跨部门之间的劳动力流动障碍。阻碍自由流动的力量越强，不平等越可能扩大。

由污染导致的环境质量恶化，将扩大收入不平等，而公共人力资本投资的制度性歧视，会加剧环境质量恶化的不平等效应。根据式（6-15）有 $\partial \rho_{t+1}/\partial e_t < 0$，$\partial \rho_{t+1}/\partial a_t > 0$，环境质量恶化具有不同的收入效应。在第二生产部门就业的劳动者，能够享受到较好的公共人力资本投资福利（包括教育、医疗与社保等），弥补因环境质量恶化所导致的人力资本损失，保持收入水平的稳定。而在第一生产部门就业的劳动力，由于生产活动较高程度地暴露在环境之下，其边际产出取决于环境质量而不依赖于其有效劳动量，环境质量的恶化直接降低了这部分劳动者的收入水平。这样一来，由劳动力流动障碍所产生的不平等，将被环境恶化进一步放大。如果维持既定的社会经济结构不变，初始状态微弱的收入不平等，将通过收入和人力资本积累代际传递的方式，逐渐形成后代越来越不平等的收入分配状况。

生产结构的变化，可能会加剧环境恶化，进而扩大收入不平等，不过生产结构变化的不平等效应会有一定的时间滞后。根据式（6-15）可知：一方面，$\partial \rho_{t+1}/\partial y_t^C > 0$ 在一定的条件下成立；另一方面，由于 $\partial e_{t+1}/\partial y_t^C < 0$，而 $\partial \rho_{t+2}/\partial e_{t+1} < 0$，因此 $\partial \rho_{t+2}/\partial y_t^C > 0$。在本模型框架下，第一生产部门的生产方式更为原始，直接以环境质量和原始劳动为生产要素；而第二生产部门的生产方式更为现代，以物质资本和人力资本为生产要素，生产活动会对环境造成负面影响。环境质量的变化为 $e_{t+1} = (1+\delta)e_t - \pi y_t^C$，当产业结构开始迅速转型，产出 y_t^C 相对更为迅速地扩张，将加剧环境恶化，从而导致既定社会分割结构下的收入分配不平等加重。

因此，可以推断，对于任意地区（个人、国家）而言，初始的环境质量差异会形成各自的稳态均衡点，不同均衡点意味着不同的福利水平，即初始环境质量差异会产生福利水平的差异，低稳态均衡点的地区（个人、国家），其人民的健康水平会受到影响而下降，进而使得代理人采用消费来代替环境保护，排放更多污染物导致环境质量进一步恶化，从而形成"高污染—低健康—高消费—高污染"的陷阱，即"环境健康贫困"陷阱；高稳态均衡点的地区（个人、国家），其人民的健康水平相对更高，因而代理人更为关注环境保护，进而排放物减少且环境质量进一步改善，从而形成"低污染—高健康—低消费—低污染"的良性循环。

第二节　环境污染、社会经济地位与健康不平等

一、实证评估准备

（一）变量与数据

本节将宏观数据与微观个体数据有机结合，具体是将来自《中国区域经济统计年鉴》和《中国县（市）社会经济统计年鉴》中有关县（市、区）级层面的污染数据，与来自中国综合社会调查（CGSS）数据库 2006 年的微观个体层面的健康数据进行匹配，同时还进一步控制了宏观层面的经济社会变量和微观层面的个体特征变量。

有关居民健康的度量，现有研究主要从身体机能、医学健康和主观健康评价三个维度进行考虑。基于数据的可得性和研究适用性，主要选择自评健康作为度量个体健康的衡量指标，这主要基于三方面的考虑：一是自评健康相对稳定，个体对自己健康所掌握的信息可能更全面；二是我们的研究主要的是获取一个综合性的健康评价指标，而其他非自评性质的健康指标大多属于某一方面的健康度量；三是自评健康可以比较容易地反映出一个具有可比性的健康水平等级。基于上述考虑，本节主要利用 CGSS 调查问卷中所设定的"您觉得身体健康是？"来获取，分为五个等级，分别为很健康、比较健康、一般健康、比较不健康、很不健康，分别赋予 5、4、3、2、1 五个值来表征。

对于微观层面的个人社会经济地位指标，主要选择教育、职业和收入三个维度进行独立考察。对于教育指标，主要根据受访者的受教育程度来进行划分，具体分为小学以下（没有受过任何教育）、小学、初中、高中、中专及职高、大专、大学本科、研究生及以上，分别对应 1、6、9、12、13、15、17、20 等受教育年限。对于职业指标，根据职业属性差异，具体分为无单位/自雇/自办就业、企事业单位就业、党政机关就业，分别赋值 3、2、1。对于收入指标主要用个体的年收入水平度量。此外，考虑到中国经济社会发展的进程，还进一步考虑户籍、政治资本和社会保障这三个可以进一步反映社会经济地位的指标。对于户籍指标，用城市户籍、县镇户籍、农村户籍表示，分别赋值 1、2、3；对于政治资本，主要通过个体的政治面貌来反映，分别用共产党员、民主党派、共青团员、群众四类表示，分别赋值 1、2、3、4；社会保障用是否有医疗保障来反映，没有任何社会保障赋值为 4，有基本医疗保险和补充医疗保险的为 3，有基本医疗保险的为 2，有公费医疗的为 1。

　　基于已有文献的分析和总结,居民健康水平还与年龄、性别(男性 = 1)等因素有关(牛建林,2013),也一并纳入模型加以控制。

　　对于环境质量(污染)指标的度量通常主要由污染物排放相对量和污染物浓度表示。对此,选择了个体所在地级市层面的三类污染物排放量密度来表示,分别用工业废水排放量与地级市国土面积之比、工业二氧化硫排放量与地级市国土面积之比、工业烟粉尘排放量与地级市国土面积之比表征;对于污染物浓度,选择使用原国家环保局公布的重点城市空气质量数据,主要用细颗粒物浓度、二氧化硫和二氧化氮浓度表征,考虑到污染对健康反应的滞后效应,选择以过去六年的平均值表征。

　　最后,在地级市及县级层面,控制了其他社会经济和公共服务指标,主要包括经济发展水平(人均实际 GDP)、城市化率(城镇人口占总人口比重)、公共支出(人均财政支出)、医疗服务(每万人病床数)和人口密度(总人口/行政区划面积)。除上述变量外,考虑到地区异质性,还进一步加入了省份虚拟变量,省份虚拟变量是为了进一步控制不可观测的地区效应,例如一个地区范围内的生产生活习惯或者一个省域范围内受到共同外部冲击等都可能影响辖区居民的健康水平等。具体的变量设置和描述性统计如表 6-1 所示。

表 6-1　个体和市县层面变量的描述性统计分析

变量	均值	标准差	样本量	最小值	最大值
个人层面变量					
自评健康	3.79143	1.075722	6000	1	5
收入对数	14.03787	3.630132	5795	4.7069	16.8785
受教育年限(年)	11.68844	3.98301	5998	1	20
职业	2.088335	1.431288	4180	1	3
户籍	2.339954	1.804931	6000	1	3
社会资本	3.59166	0.95955	6000	1	4
医疗保障	2.95654	1.3415	6000	1	4
家庭规模	3.21616	1.40300	6000	1	14
性别	1.518	0.4997	6000	1	2
年龄(岁)	43.2081	14.0919	6000	18	98
地区层面变量					
工业废水(吨/平方公里)	1.1337	1.6994	91	0.0048	9.9847
工业废气—二氧化硫(吨/平方公里)	8.5666	9.9485	91	0.0483	55.5667

续表

变量	均值	标准差	样本量	最小值	最大值
地区层面变量					
工业烟粉尘（吨/平方公里）	2.8032	2.7471	91	0.0141	13.6724
$PM_{10}(\mu g/m^3)$	109.4	26.9	46	36.8	169.8
$SO_2(\mu g/m^3)$	59.9	23.3	46	8.7	108.1
$NO_2(\mu g/m^3)$	40.4	26.9	46	12.5	69.4
人均GDP(万元)	2.282825	3.185616	112	0.280039	27.07155
城市化率	0.429639	0.353891	112	0.01996	0.998
公共支出（万元）	0.250997	0.340019	112	0.042914	3.055876
医疗公共服务	36.43099	24.90409	112	4.61575	129.9196
人口密度	0.271755	0.701494	112	0.000499	3.968148

（二）研究方法

在方法的选择上，由于环境质量（污染）数据属于地区层面，而健康数据属于个体层面，如果要考察地区层面的变量如何影响个体层面的变量，这就涉及跨层级的分析。如果简单地将地区层面的属性叠加到所处地区所有个体的身上，容易导致估计的偏误，特别是，在本节中需要着重考虑差异化的暴露效应和差异化的环境健康反应效应，需要采用不同于传统回归的方法。基于数据的性质和现有方法的可用性，可以采用多层线性回归模型进行分析，该方法被称为"回归的回归"，其基本原理是，在第一层通过定义一个非线性转换函数对顺序变量模型进行分析。首先分解出地区间与地区内部的健康不平等各自占多大比例，多层线性模型的主要优点在于能够将总体健康不平等分解到不同层次上，并给出一个量化的指标来表示不同层次上健康不平等占总体健康不平等的份额，这一结果主要通过零模型（null moder）来完成，零模型的方程式如下：

$$\text{第一层：} health_{ij} = \beta_{oj} + r_{ij} \qquad \text{其中，} \quad Var(r_i) = \sigma^2 \qquad (6\text{-}16)$$

$$\text{第二层：} \beta_{0j} = r_{00} + \mu_{oj} \qquad \text{其中，} \quad Var(\mu_{0j}) = \tau_{00} \qquad (6\text{-}17)$$

式（6-16）中，$health_{ij}$ 为被解释变量，表示个体 i 在地区 j 中的健康状况，β_{oj} 为第一层截距，r_{ij} 为随机效应。式（6-17）中，r_{00} 为第一层截距在第二层的固定效应，μ_{0j} 为第二层随机效应。要确定因变量的总体变异中有多大比例是由第二层的差异造成的，需要计算一个跨级相关 ICC（Intra-Class Correlation）。若 ICC 值太小，表明样本之间差异不显著，判别的标准是 ICC 大于 0.05 才适合进行第二层分析（Mithas S, et al.，2007）。根据地区之间和地区内部的方差成分可以计算各地区间居民健康不平等占全体居民健康不平等的份额,按照纳入不同污染物考量后的分层分解结果发现,分别考虑工业废水、工业废气、工业烟粉尘、PM_{10}、SO_2 和 NO_2 后,地区间健康不平等的贡献分别为 5.86%、9.63%、4.53%、10.45%、7.26% 和 7.78%(见表 6-2)。这说明,在总健康不平等的分解中,地区之间和地区内部的健康不平等可以分别解释 5%~10% 和 90%~95% 的健康不平等,即可能存在着差异化的污染暴露效应和差异化的污染健康反应效应。

表 6-2　健康不平等的分解：地区间和地区内视角

随 机 效 应		方差成分	方差占比	自由度	χ^2	P 值
工业废水	层级 1	0.0035	5.86%	90	765.84	0.000
	层级 2	0.0562	94.14%			
工业废气	层级 1	0.0037	9.63%	90	732.66	0.000
	层级 2	0.0347	90.37%			
工业烟粉尘	层级 1	0.0032	4.53%	90	798.14	0.000
	层级 2	0.0673	95.47%			
PM_{10}	层级 1	0.0067	10.45%	45	442.48	0.000
	层级 2	0.0574	89.55%			
SO_2	层级 1	0.0054	7.26%	45	493.44	0.000
	层级 2	0.0689	82.74%			
NO_2	层级 1	0.0057	7.78%	45	433.56	0.000
	层级 2	0.0675	82.22%			

通过上述分析可以发现,地区之间的健康不平等确实存在,进一步引入个体层面和地区层面的多层线性回归模型,由此可以识别两类环境健康不平等的传导机制:第一类传导机制为不同个体所面临的环境健康污染暴露水平存在差异;第二类传导机制为经济社会地区(条件)不同的群体在面临环境污染时会表现出不同的健康反应。前者可以通过第一层识别,后者需要通过一个跨层分析来识别,相应的跨层分析模型设定如下。

第一层模型:

$$health_{ij} = \beta_{0j} + \beta_{1j}inc_{ij} + \beta_{2j}edu_{ij} + \beta_{3j}occupation_{ij} + \beta_{4j}census_{ij} +$$
$$\beta_{5j}socaptial_{ij} + \beta_{6j}security_{ij} + \beta_{7j}fsize_{ij} + \beta_{8j}gen_{ij} + \beta_{9j}age_{ij} + r_{ij}$$

第二层模型:

$$\beta_{0j} = \gamma_{00} + \gamma_{01}pollution_j + \gamma_{02}economic_j + \gamma_{03}urban_j + \gamma_{04}expenditure_j +$$
$$\gamma_{05}medical_j + \gamma_{06}density_j + \mu_{0j}$$

$$\beta_{1j} = \gamma_{10} + \gamma_{11}pollution$$

$$\beta_{2j} = \gamma_{10} + \gamma_{21}pollution$$

$$\beta_{3j} = \gamma_{30} + \gamma_{31}pollution$$

$$\beta_{4j} = \gamma_{40} + \gamma_{41} pollution$$

$$\beta_{5j} = \gamma_{50} + \gamma_{51} pollution$$

$$\beta_{6j} = \gamma_{60} + \gamma_{61} pollution$$

（三）回归结果

表 6-3 报告的是两个层级的回归结果,在第一个层级,其回归方程的系数表征的是个体层面的变量对自评健康的影响;层级二变量（地区污染）的回归系数表示的是环境污染因素如何与个体经济社会变量叠加进而影响到健康,反映的是差异化的环境健康反应效应。

1. 环境质量（污染）对健康的影响

如表 6-3 所示,可以发现,环境质量（污染）对健康确实产生了显著的影响,从污染物的排放量指标来看,我们发现,当工业废水排放密度提高 1% 时,相应的自评健康等级下降的概率会上升 3.4%;当工业废气排放密度提高 1% 时,相应的自评健康等级下降的概率会上升 6.6%;当工业烟粉尘的排放密度上升 1% 时,相应的自评健康等级下降的概率会提高 2.7%。这表明,污染排放量的上升对健康产生了显著的不利影响。进一步从污染物浓度指标来看,我们发现:当细颗粒物浓度上升 1% 时,自评健康等级下降的概率会上升 19.5%;当二氧化硫浓度上升 1% 时,相应的自评健康等级下降的概率会提高 12.5%;当二氧化氮浓度上升 1% 时,相应的自评健康等级下降的概率会上升 13.2%。综上表明,伴随着污染暴露水平和程度的提高,所带来的健康不利影响更为明显。

2. 个体特征变量如何影响健康

接下来,进一步观察个体层面的各类经济社会变量如何影响到健康,根据前文的分析,主要选取了教育、职业、收入、户籍、社会资本和社会保障等具体的变量来进行度量。我们可以通过观察这些变量的系数进行分析,总体上看,收入水平似乎对健康的影响并不明确。受教育水平越高,其所带来的健康知识和知识的应用能力越强,表现在居民健康行为方面更为积极。从职业来看,受雇于企事业单位尤其是行政机关的居民自评健康状况更好,这可能与这几类职业的软环境和收入水平有关。从户籍变量来看,农村居民所反映的健康水平不如城镇居民。在社会保障和社会资本方面,享有社会保障的群体其自评健康相对要好,政治资本对自评健康的影响不明显。

3. 污染变量影响社会经济地位的健康效应

接下来的分析可能更为重要,这一部分的分析可以反映出个体层面的社会经济地位变量对自评健康的影响是否与环境质量（污染）有关。换言之,污染对健康的影响是否会随着社会经济地位的不同而存在差异。对此,我们通过一个多层嵌套回归模型的系数表示。

收入是否会影响环境质量下降(污染)与健康之间的关系?从回归结果来看,对于收入水平越低的个体而言,环境污染对健康的影响更为明显,这也意味着环境质量与健康之间的关系会随着收入水平的变化而出现变化。其中的机理在于:相较于高收入群体,中低收入群体对环境质量的需求和关注程度更弱,也缺乏相应的收入保障能力来应对环境污染带来的健康风险。

教育是否会影响环境质量下降(污染)与健康之间的关系?从回归结果来看,对于受教育年限越低的个体而言,环境污染对健康的影响更为明显,也意味着,污染浓度与健康之间的关系会随教育水平的变化而变化。其中的机理在于:受教育水平越高的群体,所掌握的环境健康预防和治理技术和知识越多,可能更加偏好高质量的环境。

职业是否会影响环境质量下降(污染)与健康之间的关系?从回归结果来看,对于受雇于公共部门的个体而言,环境污染对健康的影响程度更小,也意味着,污染浓度与健康之间的关系会随职业的变化而变化。其中的机理在于:私人部门就业的个体其工作强度和户外活动的概率可能更高,暴露于较重的环境污染的概率也大,其健康负担可能更重。

户籍是否会影响环境质量下降(污染)与健康之间的关系?各类环境污染物排放密度对居民健康的影响差异比较大,农村居民对水污染排放密度和浓度反应更为敏感,而城镇居民对空气污染的反应更为敏感。这与城镇居民和农村居民各自面临的环境风险差异有关,农村居民更多面临着水环境风险,而城镇居民更多面临着空气环境风险。

社会资本是否会影响环境质量下降(污染)与健康之间的关系?我们发现社会资本对环境与健康关系的影响不明显。

社会保障是否会影响环境质量下降(污染)与健康之间的关系?从回归结果来看,是否拥有医疗保险,成为影响环境质量下降(污染)与健康关系的一个重要传导机制,对于那些拥有医疗保险尤其是高层次医疗保障的个体而言,所面临的环境风险与健康之间的关系会进一步弱化,即医疗保险以及医疗保险的享用程度实际上影响着环境与健康之间的关系。原因自明,即医疗保险有助于在经济负担上降低因环境污染暴露所引起的个人卫生健康支出,能够更大程度地控制环境风险对健康产生的不利影响。

表 6-3　多层级线性回归模型的分解及其结果

解释变量	(1) 工业废水	(2) 工业废气	(3) 工业粉尘	(4) PM_{10}	(5) SO_2	(6) NO_2
固定效应						
截距	0.865*** [0.000]	0.877*** [0.000]	0.845*** [0.000]	0.994*** [0.000]	0.995*** [0.000]	0.982*** [0.000]
污染	−0.034*** [0.005]	−0.066*** [0.000]	−0.027 [0.224]	−0.195*** [0.000]	−0.125** [0.014]	−0.132*** [0.008]
人均 GDP	0.014*** [0.000]	−0.004** [0.043]	−0.015 [0.189]	0.023*** [0.000]	0.033*** [0.000]	0.037*** [0.000]
城镇化率	0.032** [0.034]	0.014* [0.067]	−0.003* [0.065]	−0.034*** [0.024]	−0.004 [0.157]	0.005 [0.244]
公共支出	0.003 [0.149]	0.005** [0.043]	0.004* [0.056]	0.013** [0.33]	0.015 [0.567]	0.011 [0.375]
卫生设施	0.045** [0.033]	0.042** [0.045]	−0.007 [0.105]	0.067* [0.089]	0.065* [0.079]	0.058* [0.084]
人口密度	0.003 [0.254]	0.001 [0.423]	−0.002 [0.337]	0.001 [0.376]	−0.003 [0.375]	0.005 [0.316]
收入						
截距	0.074** [0.026]	0.087** [0.024]	0.044** [0.028]	0.032** [0.037]	−0.025** [0.038]	−0.021** [0.039]
地区污染	0.346 [0.152]	0.135*** [0.002]	0.24 [0.253]	0.467*** [0.007]	0.375 [0.177]	0.227*** [0.008]
教育						
截距	0.004* [0.065]	0.005* [0.089]	0.003* [0.075]	0.002** [0.043]	0.0001** [0.047]	0.0001** [0.044]
地区污染	−0.077 [0.146]	0.085* [0.095]	0.063* [0.093]	0.036** [0.037]	−0.021** [0.035]	0.018** [0.035]
职业						
截距	−0.043 [0.168]	−0.067* [0.093]	−0.041* [0.097]	−0.0067* [0.057]	−0.0058* [0.058]	−0.0044* [0.053]
地区污染	−0.0864 [0.135]	−0.1047 [0.167]	−0.733* [0.084]	−0.0135*** [0.004]	−0.0124*** [0.005]	−0.009*** [0.007]
户籍						
截距	−0.069 [0.567]	−0.056* [0.083]	−0.033* [0.067]	−0.024** [0.043]	−0.027* [0.078]	−0.0017* [0.068]
地区污染	−0.126** [0.034]	0.093** [0.047]	−0.057** [0.043]	0.056** [0.014]	−0.066*** [0.008]	−0.041*** [0.006]

续表

解释变量	（1）工业废水	（2）工业废气	（3）工业粉尘	（4）PM$_{10}$	（5）SO$_2$	（6）NO$_2$
社会资本						
截距	-0.005 [0.789]	-0.003 [0.768]	-0.006 [0.774]	-0.007 [0.531]	-0.004 [0.437]	-0.001 [0.528]
地区污染	-0.015 [0.106]	0.06 [0.116]	0.021* [0.094]	0.022 [0.136]	0.018 [0.178]	0.005 [0.179]
社会保障						
截距	-0.029* [0.005]	-0.022* [0.005]	-0.013* [0.005]	-0.006** [0.017]	-0.008** [0.016]	-0.005** [0.019]
地区污染	-0.055* [0.056]	-0.052* [0.058]	-0.04* [0.059]	-0.015** [0.012]	0.004*** [0.007]	-0.007** [0.010]
家庭规模						
截距	0.07 [0.126]	0.004* [0.096]	0.001 [0.287]	0.003* [0.060]	0.003 [0.135]	0.004* [0.054]
性别						
截距	0.038* [0.096]	0.042 [0.106]	0.022 [0.284]	0.037* [0.066]	0.031* [0.089]	0.027 [0.178]
年龄						
截距	-0.004* [0.070]	-0.007 [0.120]	-0.005 [0.134]	-0.006* [0.099]	-0.007* [0.094]	-0.006 [0.106]

说明：被解释变量为自评健康；括号内为 p 值，***、**、*分别表示在1%、5%、10%的统计水平上显著，同时第一、二层次上所有自变量均进行了总平均数中心化处理。

通过对上述分析的梳理，可以发现，社会经济地位确实是影响环境健康不平等的一个重要因素，其不仅会影响差异化的健康暴露水平和程度，而且还会进一步通过影响差异化的健康反应进而导致健康的不平等，污染的健康效应具有明显的"亲贫性"。

第三节　环境健康损害与地区间收入不平等

在第四章中重点讨论了环境健康的经济损失评估，环境污染所产生的健康损害与经济负担如表4-5所示。接下来进一步讨论环境健康损害评估所引致的地区间收入不平等，计算收入（福利）不平等的常用的方法是基尼系数和泰尔指数（T指数和L指数）。由于分析的对象为113个重点城市，因而测算的基尼系数主要反映的是城市间的不平等。对此，采用Deaton（2003）的方法，基尼系数的计算公式为

$$Gini = \frac{N+1}{N-1} - \frac{2}{N(N-1)\bar{\gamma}} \sum_{i=1}^{i} n_i y_i [\rho_i + 0.5(n_i - 1)] \quad (6\text{-}18)$$

其中,N 表示城市数量,y_i 表示城市 i 的平均收入,$\bar{\gamma}$ 表示平均收入,ρ_i 表示第 i 个城市的位序。基尼系数的取值范围为 $0 \sim 1$,n_i 表示城市 i 的人数。如果城市 i 的总人数为 n_i,相同城市的每一个人的收入假定相同,那么第 $i+1$ 城市的第一个人的排序为 $\rho_{i+1} = \rho_i + n_i$,城市 c 所有人的平均排序为 $\bar{\rho}_{i+1} = \rho_i + 0.5 n_i (n_c - 1)$。

泰尔 T 指数和泰尔 L 指数是不平等测量中广义熵的组成部分,由于假设每个城市的个人收入相等,泰尔 T 指数可以计算为

$$Theil's\ T\ index = GE(1) = \sum_{i=1}^{N} \frac{y_i}{N} \frac{y_i}{Y} \ln\left(\frac{y_i}{\bar{\gamma}}\right) = \sum_{i=1}^{i} \frac{n_C}{N} \frac{y_i}{\bar{\gamma}} \ln\left(\frac{y_i}{\bar{\gamma}}\right) \quad (6\text{-}19)$$

泰尔 T 指数的范围为 0 至 $\ln(N)$,其中 0 表示完全平等,而 $\ln(N)$ 表示最不平等。泰尔 L 指数又被称为平均滞后偏差测度方法,可以表示为

$$Theil's\ L\ index = GE(0) = \sum_{i=1}^{N} \frac{y_i}{N} \ln\left(\frac{\bar{\gamma}}{y_i}\right) = \sum_{i=1}^{i} \frac{n_C}{N} \ln\left(\frac{\bar{\gamma}}{y_i}\right) \quad (6\text{-}20)$$

利用上述方法分析 2003—2010 年污染对收入不平等的影响,同时为了确定不平等测度以及受污染影响后的收入不平等程度是否发生显著变化,采用了 Bootsrap 技术(Efron and Tibshirani, 1993)来估计标准误差。我们对所有的不平等指标(基尼系数和泰尔指数)均进行了 2000 次的重复计算抽样。同时,对收入不平等与污染影响后的收入不平等之间的差异也采取了 2000 次的自举重复抽样。

由于环境污染所产生的经济负担在不同地区的分布是不一致的,经济发展相对落后的地区,污染的健康相对成本较高,如果上述论断正确,那么就有理由相信,污染所产生的健康成本可能会进一步加剧地区间的不平等。分别选取 GINI 系数、Theil T 指数和 Theil L 指数三类指标,发现(如表 6-4 所示),2003—2010 年污染所带来的健康成本,显著影响和加剧了地区间不平等,在 GINI 系数中,污染健康负担使地区间实际经济不平等上升了 1.33% ~ 3.84%;在 Theil T 指数中,污染健康负担使地区间实际经济不平等上升了 2.46% ~ 7.24%;在 Theil L 指数中,污染健康负担使地区间实际经济不平等上升了 4.33% ~ 9.19%。此外,伴随着环境污染排放量特别是经济落后地区污染排放量的相对下降,污染健康负担对地区经济不平等的贡献呈现下降的趋势。

在中国,由于大部分的健康疾病成本依然由社会公众所承担[1],如果按照 2012 年个人卫生费用占比为 33.4% 来计算,由污染所产生的疾病健康成本占个人收入的比重还将进一步提高,由此带来的收入不平等还会进一步加剧。更为关键的是,由于污染产生疾病的病理路径尚未完全厘清,再加之污染致病有一定的潜伏期和累积效应,相较于其他致病因子,由污染所产生的疾病成本更多地为个人所承担。此外,还发现,2003—2010年,环境污染对地区间不平等的贡献度呈现出一定程度的下降趋势,可能源于这一时期 PM$_{10}$ 浓度呈现出比较明显的下降趋势[2],而且相较于经济发达地区,经济落后地区的 PM$_{10}$ 浓度下降幅度更大。这从另一个侧面也间接表明,环境污染的健康负担及其分布会对地区间不平等产生重要影响,也恰恰说明环境污染可能是不平等产生的新原因。

表 6-4 地区不平等与污染影响下的地区不平等变化(2003—2010 年)

指 标	2003 年	2004 年	2005 年	2006 年	2007 年	2008 年	2009 年	2010 年
Gini	0.3031	0.3150	0.3163	0.3262	0.3308	0.3276	0.3200	0.3129
Adj-Gini	0.3148	0.3256	0.3243	0.3330	0.3368	0.3329	0.3243	0.3170
变动	0.0116	0.0106	0.0080	0.0087	0.0060	0.0053	0.0043	0.0042
变动占比	0.0384	0.0336	0.0251	0.0207	0.0180	0.0162	0.0135	0.0133
Theil T	0.1832	0.1974	0.1917	0.2134	0.2110	0.1990	0.1869	0.1725
Adj-Theil T	0.1964	0.2100	0.2011	0.2187	0.2184	0.2053	0.1918	0.1771
变动	0.0133	0.0126	0.0095	0.0053	0.0074	0.0063	0.0050	0.0048
变动占比	0.0724	0.0638	0.0494	0.0246	0.0350	0.0317	0.0265	0.0264
Theil L	0.1709	0.1842	0.1788	0.1991	0.1969	0.1858	0.1744	0.1610
Adj-Theill	0.1866	0.1995	0.1911	0.2078	0.2075	0.1950	0.1823	0.1682
变动	0.0157	0.0153	0.0123	0.0086	0.0106	0.0094	0.0079	0.0073
变动占比	0.0919	0.0832	0.0685	0.0433	0.0539	0.0505	0.0453	0.0451

第四节 环境健康效应与地区内(城乡间)收入不平等

上一节中更多地讨论了环境污染如何通过健康来影响地区间收入的不平等效应。在本节,我们将进一步通过宏观数据来验证环境污染如何通

---

[1] 根据《2023 年我国卫生健康事业发展统计公报》,2023 年全国卫生总费用初步核算为 90575.8 亿元,其中:政府卫生支出 24147.9 亿元,占 26.7%;社会卫生支出 41676.8 亿元,占 46.0%;个人卫生支出 24751.1 亿元,占 27.3%。人均卫生总费用 6425.3 元,卫生总费用占 GDP 的比重为 7.2%。

[2] 具体可详见每年度发布的重点城市空气质量数据。

过健康影响地区内的不平等。这是因为,在地区内也会存在着差异化的污染暴露水平和差异化的污染暴露健康反应。

一、计量模型、变量与数据

本节的基本模型设定如式(6-21),主要通过该模型来识别污染对健康的影响:

$$health_{it} = \alpha_0 + \beta_1 pollution_{it} + \sum control_{it} + \varepsilon_{it} \qquad (6\text{-}21)$$

式(6-21)中,$health_{it}$ 表示 i 省(区)第 t 年的健康水平,用居民的预期寿命和死亡率指标来表示,这是宏观层面度量健康的两个最常用指标。核心解释变量为污染 $pollution_{it}$,是用各地区的主要污染物排放量进行熵权法合成之后得到综合的环境污染指数指标;$control_{it}$ 为本节的一系列控制变量,用来表示除核心解释变量之外会影响到健康指标的其他变量,具体包括经济发展水平、教育人力资本、人口结构、医疗公共卫生服务等,分别用人均实际 CDP、人均受教育年限、全部人口中 65 岁及以上人口比重和每万人病床数来表征。

接下来,进一步观察环境污染综合指数对经济不平等的可能影响,模型设定如(6-22)所示:

$$Inequality_{it} = \alpha_0 + \beta_1 pollution_{it} + \sum control_{it} + \varepsilon_{it} \qquad (6\text{-}22)$$

式(6-22)中的被解释变量为经济不平等 $Inequality_{it}$,主要用各个地区的基尼系数来表征。$pollution_{it}$ 的衡量指标与式(6-21)的环境污染综合指数指标一样。控制变量包括人均实际 GDP、进出口的比重以及城镇化率。

最后,在式(6-22)的基础上,在右侧加入健康这一指标,以此来观察该变量加入前后,环境污染对收入不平等的影响是否会存在差异,模型设定如(6-23)所示:

$$Inequality_{it} = \alpha_0 + \beta_1 pollution_{it} + \beta_2 health_{it} + \sum control_{it} + \varepsilon_{it} \quad (6\text{-}23)$$

考虑到上述三类方程可能存在一定程度的内生性问题,而解决内生性问题的方法也很多,结合研究需要,采用联立方程组的形式来弱化内生性问题,主要采用三阶段最小二乘法来进行识别,同时还进一步控制了地区固定效应。

以上变量的描述性统计如表 6-5 所示,相关的数据均来自公开年鉴中省级层面的数据,包括《中国统计年鉴》《中国卫生统计年鉴》《中国环境统计年鉴》《中国教育统计年鉴》。

表 6-5　主要变量统计描述

变量名称	均值	最小值	最大值	变量含义
基尼系数	38.5164	23.1	49.3	五等分建议算法
城乡收入差距	2.9435	1.6226	4.7586	城镇居民可支配收入/农村居民纯收入
污染指数	3.6699	0.2287	21.8386	单位资本的污染物合成指数(熵权法)
死亡率	6.0893	4.21	7.91	年死亡人数/年平均人数(‰)
预期寿命	72.9968	65.8283	80.5228	参照胡英(2010)、杨继军和张二震(2013)[1](岁)
第二产业占比	47.5513	23.0894	61.5	第二产业增加值占 GDP 比重(%)
人均 GDP	0.7226	0.0992	3.0424	人均实际 GDP(万元)
GDP 增长率	13.55	−6.66	30.59	GDP 增长率(%)
进出口	33.22	3.2	172.15	进出口总额占 GDP 比重(%)
人口结构	8.3795	4.0488	16.374	65 岁及以上人口占总人口比重(%)
城镇化	44.06	17.44	89.3	城镇人口比重(%)
教育人力资本	8.0091	4.9062	11.2156	人均受教育年限(年)
卫生医疗服务	12.7899	1.3	41.6148	每万人病床数
财政支出	1162.656	44.09	6712.4	人均财政支出(元)

二、实证结果和解释

表 6-6 报告了环境污染通过健康影响收入不平等的联立方程组回归结果,总体结果与预期相符。在不平等方程中,我们发现各类环境污染对基尼系数的影响均显著为正,这表明,环境污染确实带来经济不平等。进一步观察健康方程,我们发现几乎所有的环境污染变量都与死亡率正相关且与预期寿命负相关。这表明,环境污染确实会影响健康状况。在污染方程中,我们也考虑并控制了各类影响环境污染的因素。

进一步通过对比分析列(1)、列(3)、列(5)、列(7)与列(2)、列(4)、列(6)、列(8),可以发现,在加入国民健康变量后,环境污染对不平等的影响依然显著为正,但是这种影响程度随着国民健康变量的加入而呈现出下

---

〔1〕　根据胡英(2010)、杨继军、张二震(2013),利用 1990 年和 2000 年各地区人口死亡率和老年人口比重进行回归计算,得到回归方程:预期寿命＝80.52283−9.905654×(人口死亡率/65 岁及以上人口比重)。

降的趋势,如比较列(1)和列(2),在加入死亡率变量的情况下,环境污染对基尼系数的影响程度从 1.473 下降至 1.098;比较列(3)和列(4),可以发现,在加入预期寿命变量的情况下,环境污染对基尼系数的影响从 1.498 下降至 0.527,从显著变为不显著;比较列(5)和列(6),在加入死亡率变量的情况下,环境污染对城乡收入差距的影响从 0.233 下降至 0.199,从显著变为不显著;比较列(7)和列(8),在加入预期寿命变量的情况下,环境污染对城乡收入差距的影响从 0.236 下降至 0.216。

表 6-6　环境污染通过健康影响收入不平等的回归结果

解释变量	(1)	(2)	(3)	(4)	(5)	(6)	(7)	(8)
不平等方程	基尼系数		基尼系数		城乡收入差距		城乡收入差距	
环境污染	1.473 ***	1.098 **	1.498 ***	0.527	0.233 ***	0.199	0.236 ***	0.216 *
	(0.000)	(0.021)	(0.000)	(0.236)	(0.000)	(0.107)	(0.000)	(0.096)
国民健康		0.0848 ***		-0.798 **		0.001 **		-0.018 *
		(0.001)		(0.019)		(0.020)		(0.062)
人均 GDP	4.399 ***	3.872 ***	4.447 ***	3.194 **	0.698 ***	-0.725 ***	0.696 ***	0.654 ***
	(0.001)	(0.002)	(0.001)	(0.014)	(0.000)	(0.000)	(0.000)	(0.000)
教育	-0.058	-0.411	-0.08	0.369	-0.073	-0.053	-0.075	-0.043
	(0.865)	(-0.238)	(0.813)	(0.498)	(0.123)	(0.271)	(0.111)	(0.547)
进出口	-4.87 ***	-4.756 ***	-5.19 ***	-4.212 ***	-0.345 ***	-0.355 ***	-0.34 ***	-0.322 **
	(0.000)	(0.000)	(0.000)	(0.000)	(0.003)	(0.003)	(0.000)	(0.015)
城市化	-2.085	-4.579	-1.162	-7.517	-0.208	-0.196	-0.154	-0.327
	(0.411)	(0.145)	(0.659)	(0.078)	(0.559)	(0.608)	(0.674)	(0.503)
财政支出	0.000 ***	0.000 ***	0.000 ***	0.000 ***	0.000 ***	0.000 ***	0.000 ***	0.000 ***
	(0.002)	(0.002)	(0.002)	(0.002)	(0.006)	(0.005)	(0.006)	(0.008)
截距项	32.92 ***	43.73 ***	32.686 ***	94.306 ***	2.371 ***	2.125 ***	2.359 ***	3.627
	(0.000)	(0.000)	(0.000)	(0.000)	(0.000)	(0.001)	(0.000)	(0.173)
R^2	0.654	0.653	0.664	0.667	0.745	0.742	0.782	0.786
健康方程	死亡率		预期寿命		死亡率		预期寿命	
环境污染	0.019 *	0.038	-0.0222 *	-0.025 *	0.044 *	-0.049	-0.013 *	-0.006 *
	(0.067)	(0.415)	(0.077)	(0.074)	(0.038)	(0.342)	(0.088)	(0.094)
收入不平等	0.069 ***	0.0677 ***	-0.0127	-0.023	0.805 ***	0.808 ***	-0.352	-0.332
	(0.000)	(0.001)	(-0.703)	(0.483)	(0.000)	(0.000)	(0.327)	(0.357)
人口结构	0.289 ***	0.305 ***	0.529 ***	0.504 ***	0.273 ***	0.271 ***	0.519 ***	0.517 ***
	(0.000)	(0.000)	(0.000)	(0.000)	(0.000)	(0.000)	(0.000)	(0.000)
人均 GDP	-0.155	-0.115	-0.056	-0.504 ***	-0.375 **	-3.85 **	0.075	0.054
	(0.336)	(0.479)	(0.833)	(0.000)	(0.032)	(0.03)	(0.808)	(0.861)
教育	-0.304 ***	-0.312 ***	0.634 ***	0.624 ***	-0.22 ***	-0.227 ***	0.573 ***	0.579 ***
	(0.000)	(0.000)	(0.000)	(0.000)	(0.002)	(0.002)	(0.000)	(0.000)
医疗卫生	-0.001	-0.002	0.0328 ***	0.037 ***	0.002	0.002	0.031 ***	0.03 ***
	(0.745)	(0.696)	(0.000)	(0.000)	(0.604)	(0.686)	(0.001)	(0.001)
截距项	3.504 ***	3.388 ***	63.67 ***	64.31 ***	3.655 ***	3.693 ***	64.592 ***	64.537 ***
	(0.003)	(0.004)	(0.000)	(0.000)	(0.000)	(0.000)	(0.000)	(0.000)
R^2	0.534	0.538	0.574	0.571	0.496	0.493	0.493	0.495

续表

解释变量	（1）	（2）	（3）	（4）	（5）	（6）	（7）	（8）
污染方程	死亡率		预期寿命		死亡率		预期寿命	
人均GDP	-2.844 ***	-2.9 ***	-2.914 ***	-3.165 ***	-2.615 ***	-2.668 ***	-2.591 ***	-2.643 ***
	（0.000）	（0.000）	（0.000）	（0.000）	（0.000）	（0.000）	（0.000）	（0.000）
产业结构	-0.02	-0.03	-0.018	-0.04	-0.021	-0.015	-0.02	-0.021
	（0.196）	（0.105）	（0.245）	（0.067）	（0.213）	（0.341）	（0.215）	（0.212）
进出口	2.625 ***	2.38 ***	2.701 ***	1.874 **	0.987 *	1.025 *	0.978 *	0.987 *
	（0.000）	（0.001）	（0.000）	（0.013）	（0.071）	（0.057）	（0.081）	（0.077）
技术	0.031	0.049	0.037	0.099	0.012	0.016	0.009	0.021
	（0.485）	（0.345）	（0.409）	（0.111）	（0.795）	（0.72）	（0.84）	（0.674）
城市化	0.689 **	0.665 **	0.632 *	0.656 **	1.413 ***	1.237 ***	0.994 **	0.965 ***
	（0.016）	（0.02）	（0.051）	（0.044）	（0.002）	（0.004）	（0.006）	（0.004）
收入不平等	0.549 ***	0.519 ***	0.549 ***	0.445 ***	3.028 ***	3.046 ***	3.042 ***	3.091 ***
	（0.000）	（0.000）	（0.000）	（0.000）	（0.000）	（0.000）	（0.000）	（0.000）
截距项	-15.38 ***	-13.623 ***	-15.467 ***	-10.107 ***	-2.683	-3.024	-2.734	-2.864
	（0.000）	（0.000）	（0.000）	（0.008）	（0.251）	（0.177）	（0.244）	（0.216）
R^2	0.885	0.884	0.913	0.917	0.932	0.936	0.915	0.914

说明：括号内为 p 值，***、**、* 分别表示在1%、5%、10%的统计水平上显著。

　　总体上可以发现，环境污染对健康不平等和收入不平等均有显著的影响，当把环境污染和健康变量同时纳入不平等的回归方程中会发现，环境污染对健康的影响出现不同程度的下降，这是一种明显的中介效应，即环境对健康的影响可能会传导至收入不平等，即环境健康效应是影响收入不平等的一个重要因素，所以降低环境污染排放量、改善环境质量将有助于缓解收入分配问题。

第五节　小结：“环境健康贫困”陷阱的初步讨论

　　结合现有文献和构建的世代交叠模型，本章提出了“环境健康贫困”陷阱问题，同时基于社会经济地位不同，环境污染会引致差异化的污染暴露水平和污染健康效应，从而带来健康不平等，进而成为加剧社会不平等的新因素。将个体社会经济特征数据与地市污染数据有机嵌套，利用广义多层线性回归模型发现，污染是社会经济地位影响健康及其不平等的重要传导机制，社会经济地位较低的群体，更容易暴露于污染之中，受到的健康影响更大。在城市层面，经济发展落后的地区，环境污染的健康经济负担较重，污染的健康经济负担呈现出明显的累退分布，即收入水平越低的地区，所承担的污染健康成本更高，对GINI系数的贡献度为1.33%~3.84%，

对 Theil-T 指数的贡献为 2. 64% ~ 7. 24%, 对 Theil-L 指数的贡献为 4. 33% ~
9. 19%。利用 1998—2011 年省级面板数据联立方程组模型, 进一步验证和
解释了污染通过健康影响地区内和城乡间不平等。由于污染带有明显的
"亲贫性"以及当下污染形势的严峻性, 在一段时期内中国可能面临着较
为突出的"环境健康贫困"陷阱风险。能否突破或者规避污染健康陷阱,
有赖于污染水平下降、环境健康技术升级、环境基本公共服务供给和均等
化水平提升, 以及相应保障机制的建立。

第七章　公共干预与环境健康风险治理

公共干预行为主要是指公共部门根据所掌握的环境健康信息,而采取的有助于个体降低健康风险或者健康危害的公共干预活动,包括公共资源的配置和相应的制度机制设计,比如,环境健康信息资源的发布和引导,在环境与健康两个领域配置更多的公共资源,对弱势群体采取倾斜性的政策照顾,弱化环境污染的"亲贫性",等等。本章主要从公共干预的视角来解释相应的政府政策安排以及对私人规避行为的引导作用及其机理,阐述公共干预对环境健康效应调节作用的内在机理;然后实证评估公共服务对环境健康效应的影响,进一步讨论不同类型公共服务对环境健康效应影响的异质性。

第一节　公共服务对环境健康效应调节作用的内在机理

环境污染带来的环境质量下降、生态平衡被破坏以及公众健康遭受危害,越来越成为制约经济持续增长和影响社会发展的关键因素。环境污染所引发的健康风险甚至使健康危机成为一个世界性话题,其所引致的健康人力资本快速折旧已经成为世界各国(地区)经济社会发展不平衡的重要因素,在一些社会建设落后特别是公共服务供给不足的国家和地区,由环境污染所引发的健康风险更大。图 7-1 和图 7-2 反映了近些年来世界各国(地区)环境质量与国民健康之间的关系,可以从变化趋势上发现,伴随着环境质量的改善,世界各国(地区)国民健康水平得到了较大提升。

虽然有关环境健康问题的社会科学研究已经发展起来,但是鲜有学者系统运用定量数据来研究发展中国家环境危害分布的社会不平等及其干预机制。一些学者将用于解释美国环境不平等的成熟理论和方法运用到中国的环境健康公平分析中(Schoolman and Ma,2012),然而由于户籍制度的限制,中国城乡居民在环境污染的暴露概率和程度上存在着较大的差异和不对等:一方面,户籍制度可能成为一项重要的隐性制度障碍,另一方面,中国的社会发展进程和阶层流动也似乎影响着环境健康风险的个体差

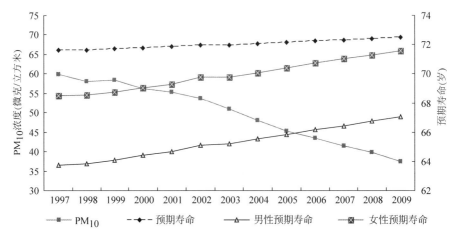

图 7-1　世界 116 个国家（地区）PM_{10} 平均值与预期寿命平均值的变动趋势

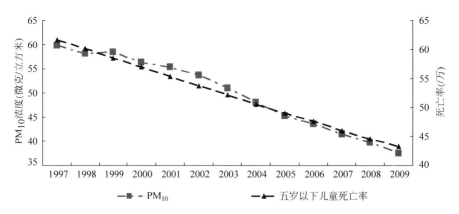

图 7-2　世界 116 个国家（地区）PM_{10} 平均值与五岁以下儿童死亡率平均值的变动趋势

异。比如,在乡镇企业和大中城市工厂中工作的人大多来自农村,表面上看,来到城市工作是逃离了农村,但是他们没法在短期内有效地消除过去因城乡不均衡发展所带来的教育人力资本、健康人力资本、社会资本以及收入上的差距,而这些差距在某种程度或某个时间范围内成为隐性非正式制度障碍。此外,在农村地区,还存在着一些特殊的现象,比如癌症高发,它实际上是中国工业化和社会化进程的"意外后果"和"意料之中的遭遇"。这些遭受癌症袭扰的群体,大多也在家乡就近工作,但是其所面临的工作环境和生活环境却异常糟糕,而且由于缺乏必要的预防性措施,由工作带来的污染成为直接和间接影响生活质量的因素。

在地区间,中国的部分地区,特别是西部地区,仍存在与贫困相关的公共健康问题,包括在通风不良的房屋里燃烧固体燃料所造成的室内空气污染,以及由于缺乏清洁用水和适当的卫生设施所引发的疾病等。在城乡间,除了与贫困相关的健康风险,许多农村地区也正遭受着经济快速增长带来的环境问题,这些农村地区暴露于工业排放的水和空气污染中。由于经济发展程度的差异和环境能力差异,不同地区在执行环境政策上也存在较大差异,对于经济发展较好的地区而言,为追求更好的环境质量,往往会选择将高能耗、重污染的产业迁移到落后地区,因为后者在环境质量和经济发展的权衡取舍上,更加偏向于经济发展,而且落后地区和农村地区与发达地区和城市地区相比,即使在面临同等环境污染时,其所能够掌握和配置的资源也存在差异,这就使得落后地区和农村地区面临着更高的污染暴露概率和更敏感的环境健康风险,而且农村和城市的工作性质也决定了农村居民因户外劳动暴露于重污染环境的时间更长。对于群体差异而言,女性、婴幼儿、老年人面临的环境健康风险可能更高,这主要源于这些人群对环境风险更为敏感;在不同的职业方面,产业工人,比如采矿、建筑、化工等行业的工人,在环境风险面前呈现出更高的伤害率和死亡率。

上述问题的产生是多方面原因导致的:(1)经济基础。经济基础差的群体风险往往更大,他们更难获得清洁的饮用水,没有能力改变他们的取暖或烹饪设备以降低室内污染的接触水平,这些群体也不容易搬离受污染的地区。(2)医疗公共服务。这些人群特别脆弱的一个重要原因是普遍缺乏能负担得起的健康服务,尤其在农村地区,医疗保健的提供和财政投入基本上依靠市场运作和地方政府的财政支持,个人收入和地方政府财政收入的不平等,在医疗服务的价格不断提高的情况下,越发不平衡。贫困地区和弱势群体即使暴露于与其他群体同等的环境污染之中,由于缺乏有效及时的治疗,其面临的健康风险也会更大。(3)环境公共服务。环境公共服务是长期被忽视的公共产品,实际上,环境公共服务本身就包含着环境质量,环境质量被称为最基本的公共产品。除此之外,环境基本公共服务还包括所提供的环境健康信息、环境监测、环境监管和环境补偿等。从财力支撑的角度来看,环境基本公共服务与所在地区的财政经济能力和上级的转移支付密切相关,而且在更多时候,环境基本服务往往成为个体的私人消费品。由于缺乏有效的环境信息,弱势群体暴露于环境污染中的概率可能更大。世界卫生组织曾估计,如果能把严重的水污染改善成中度水污染就可以将霍乱、伤寒、腹泻等水源性传染病的发病率减少 50% 左右(World Bank,2006)。

健康的不平等看似是由环境因素引起,但实际上环境因素影响健康不平等的程度由社会经济因素决定并受公共服务环境影响,包括性别、群体、收入、教育、职业、阶层等,这对政策制定的启示不仅在于提供一个比较均等化的清洁环境,更在于制定缓解和逐渐消除社会经济差距的社会福利政策。

第二节　公共服务对环境健康效应影响的异质性

一、模型设置与变量说明

本节设定的基本模型主要参照第四章第一节的模型设定,将影响健康需求的因素确定为经济因素、社会因素、教育因素、卫生医疗因素和环境因素,其中环境因素主要是指环境污染,主要利用跨国数据,分析不同类型公共服务对环境健康效应影响的异质性,相关的描述性统计分析如表7-1所示。采用固定效应和随机效应模型,进行逐步回归、分组回归和分位数回归。

本部分采用Hansen(1999)所提出的门限回归模型,模型设定如下:

$$\ln Y_{it} = \mu_i + \beta_i X_{it} + \lambda_1 \ln N_{it} \times I(q_{it} \leq \gamma) + \lambda_2 \ln N_{it} \times I(q_{it} \geq \gamma) + \varepsilon_{it}$$

$$(7\text{-}1)$$

表 7-1　变量定义与描述

变量性质	变量名称	观察值	平均数	标准差	最小值	最大值	变量含义
被解释变量	Child-mortality	1508	42.061	46.925	3	247	五岁以下儿童死亡率(每千名)
	lifexpect	1508	69.532	9.323	38	83	出生时预期寿命(岁)
	M-lifexpect	1508	67.106	8.882	37	80	出生时男性预期寿命(岁)
	F-lifexpect	1508	72.118	9.9760	39	86	出生时女性预期寿命(岁)
核心解释变量	PM₁₀	1508	47.249	33.171	6	191	颗粒物浓度(微克/立方米)
控制变量	denstity	1508	105.865	127.082	0.572658	1021.043	人口密度(人口总数/国土面积)
	edu	1508	32.170	24.240	1	118	高等教育入学率(%)
	rjgdp	1508	8384.665	12620.18	4.345	81573.58	人均GDP(美元)
	rjhealthexp	1508	681.616	1185.71	0.210	6353.223	人均卫生支出(美元)
	tech	1483	1.03E+10	3.12E+10	4	3.40E+11	科技水平(高科技出口占制成品出口的比重)
	female	1508	50.130	2.947	25	54.1	女性人口占总人口比重(%)
	urban	1508	57.997	22.179	10	98	城市化率(城市人口占总人口比重,%)
	infrastruce	1488	18.166	23.055	0	92.2	基础设施(每百人互联网用户,%)

续表

变量性质	变量名称	观察值	平均数	标准差	最小值	最大值	变量含义
门槛变量	*healthgood*	1508	74.842	28.688	5	100	经过改善的卫生设施（获得经过改善的设施的人口比重,%)
	water-urban	1508	95.603	6.262	55	100	城市改善的水源（获得改善水源的城市人口所占比重,%)
	water-country	1508	81.842	19.106	14	100	农村改善的水源（获得改善水源的农村人口所占比重,%)

其中, i 表示国家（地区）, t 表示时间。 Y_{it} 为因变量, N_{it} 为受门槛变量影响的解释变量, X_{it} 为除 N_{it} 外对因变量具有影响的其他解释变量,即控制变量, q_{it} 为门槛变量, γ 为未知门槛值, λ_1 和 λ_2 分别为门槛变量在 $q_{it} \leqslant \gamma$ 与 $q_{it} \geqslant \gamma$ 时解释变量 N_{it} 对因变量 Y_{it} 的影响系数。 $I(\cdot)$ 为示性函数, $\varepsilon_{it} \sim iid(0, \delta^2)$ 为随机干扰项。

根据 Hansen(1999)的门限回归理论,若给定门槛回归模型中的门槛值 γ ,则可以对模型的参数进行估计得到模型中各解释变量的系数值,从而得到残差平方和 $S(\gamma) = \hat{e}(\gamma)' \hat{e}(\gamma)$ 。如果回归中 γ 越接近门槛水平,则回归模型中的残差平方和 $S(\gamma)$ 就越小。因此,可以通过连续给出模型的候选门槛值 γ ,观察模型残差的变化,在模型残差最小时选择对应的候选门槛值 γ ,或通过最小化 $S(\gamma)$ 来获得 γ 的估计值,即 $\hat{\gamma} = \arg \min S(\gamma)$ 。之后,还需要进行两个方面的检验。

首先,检验是否存在门槛效应。主要通过检验 λ_1 和 λ_2 两个系数是否存在显著性差异,原假设 $\lambda_1 = \lambda_2$ 如果成立,则说明门槛效应不明显,不存在门槛值。因此,将原假设设定为 H_0 : $\lambda_1 = \lambda_2$,相应的备择假设为 H_1 : $\lambda_1 \neq \lambda_2$ 。检验统计量为

$$F = \frac{S_0 - S(\hat{\gamma})}{\hat{\sigma}} \qquad \sigma^2 = \frac{1}{T} \hat{e}(\gamma)' \hat{e}(\gamma) = \frac{1}{T} S(\gamma) \qquad (7\text{-}2)$$

其中, S_0 为在原假设得到的残差平方和,在原假设 H_0 的条件下,门槛值 γ 无法识别,因此 F 统计量的分布是非标准的。我们主要采取 Bootstrap 方法进行不断反复抽样检验,通过 p 值来判断。

　　其次,门槛值是否在现实中存在。原假设为 $H_0: \hat{\gamma} = \gamma$,由于存在多余参数的影响,Hansen(1996)使用极大似然估计量检验门槛值,来获得统计量:

$$LR(\gamma) = \frac{S_0 - S(\hat{\gamma})}{\hat{\sigma}} \tag{7-3}$$

　　上述分析主要针对单一门槛效应的研究,实际上,很多研究还存在着两个及以上的门槛值,同样也通过上述的检验来进行判断。

　　在上述模型设定的基础上,结合本节分析的需要,我们将讨论教育、基础设施、公共卫生服务和环境公共服务四类公共干预政策是否会影响到污染与健康之间的关系,即是否存在门槛值。如果存在门槛值,则表明四类公共干预政策已有效地调节污染对健康的影响,当然这也取决于调节效应的方向和调节的数量。

二、回归结果

(一) 基本模型

　　环境质量下降(污染)对健康的影响会受到所处环境因素的调节,这也是本节实证研究的重要内容。考虑到环境质量下降(污染)与健康之间的关系,本节首先通过一个基本回归来分析环境质量下降(污染)对国民健康的影响。相应的回归结果如表 7-2 所示,该表报告的是可吸入颗粒物浓度($\ln_{10}$)对五岁以下儿童死亡率(lnChind-mortality)和预期寿命(lnlifexpect)的影响,分别考察环境质量对未成年人和整个群体健康的影响。其中列(1)~(4)报告的是可吸入颗粒物浓度对五岁以下儿童死亡率的影响,列(5)~(8)报告的是可吸入颗粒物浓度对预期寿命的影响。总体上发现,无论是否加入控制变量,可吸入颗粒物浓度对五岁以下儿童死亡率和预期寿命的影响均显著,其中,可吸入颗粒物浓度对婴幼儿死亡率产生了显著的正向影响,随着可吸入颗粒物浓度水平的上升,婴幼儿死亡率也在上升,随着可吸入颗粒物浓度水平的上升,预期寿命出现了相对下降。

　　进一步计入一系列影响国民健康的公共服务(公共干预因素),我们发现,加入这些变量后,环境污染对婴幼儿死亡率和预期寿命的影响依然显著,但影响的显著程度出现了不同程度的下降。具体说来,在加入公共干预因素之前,可吸入颗粒物浓度对婴幼儿死亡率和预期寿命的影响系数分别为 0.5573 和 -0.0468,均在 1% 的统计水平上显著。进一步观察发现,随着各类公共干预政策加入,可吸入颗粒物浓度对婴幼儿死亡率的影响系数从 0.5573 逐步下降至 0.4464、0.4387 和 0.2867,可吸入颗粒物浓度对

表 7-2　环境污染对国民健康影响的基本回归结果

解释变量	被解释变量							
	lnChild-mortality				lnlifexpect			
	(1)	(2)	(3)	(4)	(5)	(6)	(7)	(8)
$lnPM_{10}$	0.5573***	0.4464***	0.4387***	0.2867***	-0.0468***	-0.0384***	-0.0367***	-0.0311***
	(28.68)	(22.33)	(21.91)	(12.45)	(-16.9)	(-13.07)	(-12.57)	(-9.81)
lnrjgdp	-0.0298***	-0.0408***	-0.0390*	-0.0339	-0.0026**	-0.0018	-0.0185***	0.0121***
	(-3.59)	(-5.16)	(-1.73)	(-1.52)	(2.28)	(1.59)	(5.67)	(3.99)
lntech	-0.0222***	-0.0171***	-0.0160***	-0.0109***	-0.0031***	0.0027***	0.0025***	0.0020***
	(-7.02)	(-5.59)	(-5.26)	(-3.54)	(7.18)	(6.15)	(5.65)	(4.83)
lnurban	-0.8690***	-0.5877***	-0.5694***	-0.5083***	0.1836***	0.1589***	0.1545***	0.1112***
	(-14.43)	(-9.84)	(-9.53)	(-8.33)	(20.5)	(17.44)	(17.02)	(12.39)
lndenstity	-0.1136***	-0.0941***	-0.0915***	-0.0731**	0.0378***	0.0284***	0.0268***	0.0193***
	(-3.95)	(-3.70)	(-3.59)	(-2.94)	(7.42)	(6.43)	(6.06)	(4.49)
lnfemale					0.1383***	0.0593*	0.0385	0.0375
					(4.16)	(1.80)	(1.17)	(1.27)
lnedu		-0.1798***	-0.1755***	-0.1249***		0.0151***	0.0145***	0.0080***
		(-13.54)	(-13.24)	(-6.74)		(7.72)	(7.48)	(4.86)
lnrjhealthexp			-0.0783***	-0.0341			0.0164***	0.0132***
			(-3.74)	(-1.7)			(5.44)	(4.86)
lninfrastrue				-0.0455***				0.0028***
				(-12.67)				(5.74)
_cons	5.6268***	5.3670***	5.0467***	5.4571***	2.9435***	3.3134***	3.4672***	3.6427***
	(18.94)	(19.56)	(17.65)	(18.72)	(20.22)	(23.04)	(23.81)	(27.49)
是否控制时间	YES	YES	YES	YES	YES	YES	YES	YES
是否控制国家	YES	YES	YES	YES	YES	YES	YES	YES
Obs	1483	1483	1483	1402	1483	1483	1483	1402
R-sq	0.6667	0.7599	0.7595	0.8021	0.5036	0.5841	0.5855	0.5850

说明：***，** 和 * 分别表示在 1%，5% 和 10% 的统计水平上显著，括号中为 t 值。

预期寿命的影响系数从 -0.0468 逐步增加至 -0.0384、-0.0367 和 -0.0311。根据中介效应模型的分析思路,我们可以初步判断,环境污染对健康的影响确实会受到各类公共干预政策的影响。

接下来,进一步考虑环境污染对健康影响的异质效应,主要通过考察对不同性别和不同国家群体健康水平的影响来判断,根据表 7-3 我们发现,可吸入颗粒物浓度对男性预期寿命的影响更大,或者说男性暴露于污染中的健康反应更为明显;进一步区分发展中国家和发达国家,可吸入颗粒物浓度对发展中国家预期寿命所带来的不利影响更大,这也与世界卫生组织所发布的报告结论基本吻合,世界卫生组织的一份报告指出,发达国家和发展中国家分别有 18% 和 26% 左右的死亡可以归结为环境因素,在发展中国家呼吸道疾病对预期寿命的影响是发达国家的 100 倍左右。此外,我们还进一步验证了各类公共干预政策对两类国家环境污染与健康关系的影响,由于发达国家具有更好的公共服务和干预机制,环境污染风险的规避和治理效应更为明显。

（二）分位数回归

进一步考察环境污染对健康的影响是否存在健康水平方面的异质性,即环境污染对哪一类健康水平的影响更大或者更小,可以通过分位数回归来进行分析,因篇幅所限,回归结果未在书中呈现。总体上,处于不同健康分位数水平的群体,环境污染对健康的影响均显著,其中,环境污染对五岁以下儿童死亡率的影响呈现出先上升后下降的趋势,即可吸入颗粒物浓度对健康的影响表现为两端高、中间低,即处于两端群体的环境健康反应更为敏感。进一步考察可吸入颗粒物浓度对预期寿命的影响,我们发现,该污染物在分位数点从大到小过程中,其对健康的影响系数呈现出上升的趋势。不难发现,随着经济社会的发展,环境污染与健康之间表现出越来越明显的关联性和敏感性。

（三）门槛回归模型

根据前文部分模型设定的思路进行门槛效应的检验,设定的门槛变量包括教育、基础设施、公共卫生服务和环境公共服务四类公共干预政策。首先进行了是否存在门槛值的检验,其次进行门槛值个数的检验,最后进一步判断门槛值的大小。我们发现,四类公共干预政策均存在单一门槛值,不存在多重门槛值。具体见图 7-3 和表 7-4。

表 7-3 环境污染对国民健康影响的分组回归结果

解释变量	被解释变量					
	lnM_lifexpect	lnF_lifexpect	lnChild_mortality		lnlifexpect	
	(1) 男性	(2) 女性	(3) 发达国家	(4) 发展中国家	(5) 发达国家	(6) 发展中国
$lnPM_{10}$	-0.0319***	-0.0283***	0.2147***	0.2802***	-0.0063	-0.0300***
	(-9.90)	(-8.77)	(3.89)	(10.93)	(-0.34)	(-8.56)
lnrjgdp	0.0152***	0.0095***	-0.0578	-0.0477*	0.0000	0.0103***
	(4.96)	(3.11)	(-1.19)	(-1.81)	(0)	(2.92)
lntech	0.0018***	0.0020***	-0.0258***	-0.0101***	0.0021**	0.0020***
	(4.37)	(4.71)	(-4.21)	(-2.69)	(2.64)	(3.97)
lnurban	0.1146***	0.1058***	-0.6248***	-0.5302***	0.0927***	0.1248***
	(12.56)	(11.62)	(-6.11)	(-7.76)	(6.2)	(12.31)
lndenstity	0.0188***	0.0165***	-0.0594	-0.0716***	0.0062	0.0184***
	(4.67)	(4.14)	(-1.61)	(-2.75)	(1.06)	(4.14)
lnfemale					-0.0645	0.0283
					(-1.27)	(0.8)
lnedu	0.0082***	0.0115***	-0.0946***	-0.1512***	0.0228***	0.0092***
	(4.21)	(5.87)	(-3.08)	(-8.92)	(5.24)	(4.13)
lnrjhealthexp	0.0170***	0.0095**	-0.0819*	-0.0267	0.0099	0.0116***
	(6.19)	(2.45)	(-1.82)	(-1.13)	(1.69)	(3.68)
lninfrastrue	0.0031***	0.0024***	-0.0491***	-0.0453***	0.0037***	0.0025***
	(6.28)	(4.97)	(-5.75)	(-11.03)	(3.29)	(4.61)
_cons	3.7538***	3.8365***	8.7173***	5.6948***	3.9593***	3.6158***
	(85.26)	(87.51)	(12.58)	(17.8)	(17.57)	(22.92)
是否控制时间	YES	YES	YES	YES	YES	YES
是否控制国家	YES	YES	YES	YES	YES	YES
Obs	1402	1402	286	1116	286	1116
R-sq	0.5617	0.6198	0.8259	0.8060	0.7254	0.5852

说明：***，** 和 * 分别表示在 1%、5% 和 10% 的统计水平上显著，括号中为 t 值。

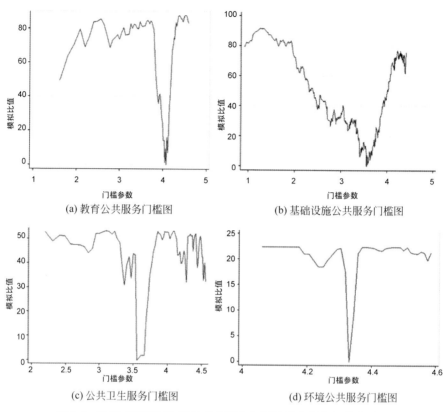

(a) 教育公共服务门槛图　　　　　　(b) 基础设施公共服务门槛图

(c) 公共卫生服务门槛图　　　　　　(d) 环境公共服务门槛图

图 7-3　教育、基础设施、卫生公共服务和环境公共服务门槛估计值

表 7-4　门槛回归结果

解 释 变 量	门槛变量			
	教育	基础设施	卫生公共服务	环境公共服务
门槛值 [95%的置信区间]	4.077 [3.847, 4.273]	3.553 [3.5525, 3.5610]	3.555 [3.394, 3.664]	4.331 [4.312, 4.342]
$lnPM_{10}I(q_{it} \leqslant \gamma)$	0.2690*** (11.886)	0.2772*** (12.328)	0.2168*** (8.599)	0.3571*** (13.607)
$lnPM_{10}\_2I(q_{it} \geqslant \gamma)$	0.2355*** (10.072)	0.2505*** (10.929)	0.1912*** (13.655)	0.3063 (1.296)
$lnrjgdp$	0.0002 (0.0099)	0.0149 (0.73)	0.017 (0.819)	0.0136 (0.6491)
$lntech$	-0.0474*** (-3.27)	-0.0465*** (-3.484)	-0.4328*** (-3.52)	-0.4283*** (-3.86)
$lnurban$	-0.236*** (-3.14)	-0.214*** (-3.208)	-0.147* (-1.939)	-0.1708** (-2.288)
$lndenstity$	-0.1984*** (-4.5393)	-0.0723*** (-3.6588)	-0.165*** (-3.758)	-0.1256*** (-2.8412)

续表

解　释　变　量	门槛变量			
	教育	基础设施	卫生公共服务	环境公共服务
lnedu	−0.079 ***	−0.984 ***	−0.117 ***	−0.0925 ***
	(−6.429)	(−7.603)	(−8.829)	(−6.886)
lnrjhealthexp	−0.0346 *	−0.0288	−0.0497 ***	−0.0456 **
	(−1.91)	(−1.5885)	(−2.715)	(−2.4661)
lninfrastrue	−0.0505 ***	−0.0498 ***	−0.0508 ***	−0.0537 ***
	(−14.872)	(−14.696)	(−14.79)	(−15.507)
_cons	2.476 ***	2.184 ***	1.984 **	2.486
	(5.392)	(4.323)	(2.58)	(1.32)
单一门槛检验	87.704 ***	57.383 ***	51.4973 ***	8.2155 ***
	(0.000)	(0.000)	(0.000)	(0.002)
双重门槛检验	9.1945	4.811	4.3572	7.38
	(0.249)	(0.473)	(0.753)	(0.886)
R-sq	0.473	0.465	0.518	0.567

说明：表中门槛值的检验反复抽样 2000 次得到； ***、** 和 * 分别表示在 1%、5% 和 10% 的统计水平上显著，括号中为 t 值。

根据门槛值的大小进一步分析发现，教育服务的门槛值为 4.077，也就意味着当教育公共服务的水平（主要是高等教育入学率）达到 59%[1] 以上时，可吸入颗粒物对国民健康的影响系数从 0.27 下降至 0.23，这表明，增强教育公共服务可以有效地弱化环境污染对健康的影响。基础设施的门槛值为 3.553，也就意味着当基础设施（此处主要指互联网普及率）达到 34.9% 以上时，可吸入颗粒物对国民健康的影响系数从 0.28 下降至 0.24，这表明，基础设施具有弱化环境健康风险的功能。卫生公共服务的门槛值为 3.555，也就意味着当卫生公共服务水平（主要是改善的卫生设施覆盖率）达到 34.99% 以上时，可吸入颗粒物对国民健康的影响系数从 0.22 下降至 0.19，这表明改善卫生公共服务有助于提高群体抵御环境健康风险的能力。环境公共服务的门槛值为 4.331，也就意味着当环境公共服务（获得清洁改善饮用水源的群体覆盖率）达到 76% 以上时，可吸入颗粒物对国民健康的影响系数从 0.36 下降至 0.31，这表明，环境基本公共服务有助于提高群体环境健康的预防和治理能力。

---

[1]　此处是根据表 7-4 中门槛回归结果进行的估算，具体计算过程不再列出。

第三节 小   结

由前两节的分析可以初步判断,在环境健康风险日益加大的背景下,通过改善公共服务水平和提高公共干预能力的方式,可以有效地预防和抵消环境污染对健康所带来的不利影响。由此进一步引申,我们认为,在环境健康风险的预防和治理过程中,需要考虑环境健康与其他部门的合作,单纯依赖环境部门或者卫生部门的举措并不能完全抵御环境污染对健康的不利影响,需要教育、基础设施等部门的协同干预;另一方面,在环境健康风险治理的过程中,需要考虑全方面、多视角的协同,对公共资源配置而言,需要协同考虑源头、过程和结果的投入,也需要考虑不同地区和不同发展水平之间的差异性。

总体上,公共干预政策可以起到调节或缓解污染健康损耗的作用,同时对私人规避行为有至关重要的引导作用。更为重要的是,公共政策的设计需要在健康保健政策和环境减排政策之间进行权衡。

第八章 环境健康管理体制与治理结构

环境是人类赖以生存的最重要的基础和条件,良好的环境不仅能够有效地保障和促进生产力发展,而且还可以通过改善生产关系来促进社会稳定,环境的重要性是不言而喻的。正因为如此,环境和健康作为两项重要的公共服务被纳入国家保障的基本公共服务范围内,即成为政府进行财政拨款和行政管理的两项重要民生事务。

伴随着高速工业化和城镇化而来的环境变化对健康的影响正在成为人们日益关心的话题,由于环境风险的隐蔽性、加速性和扩散性以及现有制度安排的缺失,政府、企业、社会和个体所分摊的环境风险成本严重不对称,一些本应该由企业承担或社会机制可以化解的环境风险被转嫁给政府和个人,部分地方政府基于经济发展的考虑,对企业产生的环境风险"视而不见"或者"大包大揽",而对社会公众所承受的健康、财产危害"草草应付",使得风险和矛盾不断积累,形成"企业污染、群众受损、政府买单"的状况。环境风险责任主体缺失和责任分摊不对等在影响环境治理效率的同时,极易诱发新的社会不平等,加剧社会不公。现有的环境风险责任分摊机制主要集中于排污收费制度、排污权交易制度(试点)、环境责任险(试点)、环境诉讼等方面,难以应对和化解环境风险。根据我们的调查发现,排污费标准过低、执法不严,形成了"违法成本低、守法成本高"的逆调节;排污权交易制度对初始配套政策要求高而难以一蹴而就;环境责任险试点覆盖范围小、保险赔付数额少、赔付范围窄、缺乏强制性,人们的参与积极性普遍较低;环境诉讼门槛高、周期长、成本大。此外,这些制度主要着眼于政府和企业之间的责任划分,对公众遭受环境污染后的救助与补偿关注不够,难以建立覆盖事前—事中—事后全过程的环境风险管控和化解机制。

近年来,随着公众对环境问题的关注以及中央强调"可持续发展"理念,环境问题逐渐进入人们的视野。本章将在梳理中国环境健康形势变化趋势的基础上,重点分析中国环境健康政策的演进与治理体系,在此基础上提出中国环境健康干预与治理体系的基本路径。

第一节　中国环境健康形势的变化趋势

从 20 世纪 80 年代初至今,一些研究成果测算了中国的环境成本损失,损失的规模呈现出明显上升趋势。2009 年,在环境规划院发布的《2009 年中国环境经济核算报告》中,这一损失规模达到了 9701.1 亿元,占到 GDP 的 3.8%,并且该报告显示,2004—2007 年,全国因环境破坏(包括污染、生态破坏)所带来的损失从 5118.2 亿元上升到 9701.1 亿元,2008 年环境破坏的成本为 8947.6 亿元。其中有很大一部分为环境污染所导致的健康成本或代价。

环境污染会通过哪些疾病影响到健康人力资本?对此,历年《中国卫生统计年鉴》中与环境相关的疾病死亡率数据有所反映,而且许多研究已经指出:与环境污染相关的疾病至少包括恶性肿瘤、呼吸系统疾病、消化系病、新生儿病、心脏病和脑血管病。如,2012 年发表在美国 *The Journal Epidemiology* 上的一篇文章指出,怀孕期间的妇女如果吸入大量非达标空气,所生出的孩子患有心脏病的概率要比一般儿童高出许多,进而首次确定了空气污染与新生儿心脏病的关系。如表 8-1 所示,主要列示了已经在理论上明确的疾病死亡率,总体上看,与环境相关的疾病死亡率呈现明显上升的趋势,恶性肿瘤被认为与环境污染高度相关。在 1990 年,城市和农村的恶性肿瘤死亡率分别为 128 人/10 万人和 112.36 人/10 万人,之后呈现增加趋势;到 2012 年,分别升至 164.5 人/10 万人和 151.47 人/10 万人;到 2016 年,分别为 160.07 人/10 万人和 155.83 人/10 万人。总体上,农村与环境相关的各类疾病死亡情况比城市严重。此外,与环境相关的心脑血管疾病和呼吸系疾病死亡率的排序呈现上升趋势,已经成为仅次于恶性肿瘤的另外两类致死原因。

环境健康公平问题在实践中的一个重要体现就是环境项目中的"毗邻设施",实际上反映的是一种个体理性与集体不理性之间的矛盾。谁都想享受环境项目尤其是环境基本公共服务项目所带来的好处,但是却又不情愿承担由此所带来的风险。当然,如果是通过公平且有效率的决策议程来决定环境项目的选址和相应的保护措施,并做好信息公开,则可以降低风险;但是更多时候,由于决策不透明和决策不公正,会导致这些风险与收益并存的项目落到弱势群体所在的地区,对于这些群体而言,其所面临的风险远远大于其承受能力,而且风险与收益是严重不对等的。从这一点来看,环境健康效率理论需要进一步结合公平理论进行考虑——不仅纯粹地

表 8-1　与环境相关的疾病死亡情况（1990—2012 年）

年份	项目	恶性肿瘤		呼吸系统疾病		消化系统疾病		新生儿疾病		心脏病		脑血管病	
		城市	农村	城市	农村	城市	农村	城市	农村	城市	农村	城市	农村
1990 年	死亡率（1/10 万）	128	112.36	92.18	159.67	23.53	32.2	8.81	16.17	92.53	69.6	121.84	103.93
	占比（%）	21.88	17.47	15.76	24.82	4.02	5.01	1.51	2.51	15.81	10.82	20.83	16.16
	排序	1	2	4	6	6	6	9	7	3	4	2	3
1995 年	死亡率（1/10 万）	128.6	111.43	92.54	169.38	19.49	30.17	5.08	11.98	90.1	61.98	130.48	108.05
	占比（%）	21.85	17.25	15.73	26.23	3.31	4.67	0.86	1.85	15.31	9.6	22.17	16.73
	排序	2	2	3	1	6	6	11	7	4	5	3	3
2000 年	死亡率（1/10 万）	146.6	112.57	79.92	142.16	18.38	23.89	3.14	6.99	106.65	73.43	127.96	115.2
	占比（%）	24.38	18.3	13.29	23.11	3.06	3.88	0.52	1.14	17.74	11.94	21.28	18.73
	排序	1	3	4	1	6	6	12	9	3	4	2	2
2005 年	死亡率（1/10 万）	124.9	105.99	69	123.79	18.1	17.11	—	—	98.22	62.13	111.02	111.74
	占比（%）	22.74	20.08	12.57	23.45	3.3	3.24	—	—	17.89	11.77	20.22	21.17
	排序	1	3	4	1	6	6	—	—	3	4	2	2

续表

年份	项目	恶性肿瘤 城市	恶性肿瘤 农村	呼吸系统疾病 城市	呼吸系统疾病 农村	消化系统疾病 城市	消化系统疾病 农村	新生儿疾病 城市	新生儿疾病 农村	心脏病 城市	心脏病 农村	脑血管病 城市	脑血管病 农村
2010年	死亡率（1/10万）	162.9	144.11	68.32	88.25	16.96	14.76	—	—	129.19	111.34	125.15	145.71
	占比（%）	26.33	23.11	11.04	14.15	2.74	2.37	—	—	20.88	17.86	20.23	23.37
	排序	1	2	4	4	7	6	—	—	2	3	3	1
2012年	死亡率（1/10万）	164.5	151.47	75.59	103.9	15.25	16.79	—	—	131.64	119.5	120.33	135.95
	占比（%）	26.81	22.96	12.32	15.75	2.48	2.54	—	—	21.45	18.11	19.61	20.61
	排序	1	1	4	4	8	7	—	—	2	3	3	2
2015年	死亡率（1/10万）	164.35	153.94	73.36	79.96	14.27	14.16	—	—	136.61	144.79	128.23	153.63
	占比（%）	26.44	23.22	11.8	12.06	2.3	2.14	—	—	21.98	21.84	20.63	23.17
	排序	1	1	4	4	7	7	—	—	2	3	3	2
2016年	死亡率（1/10万）	160.07	155.83	69.03	81.72	14.05	81.72	—	—	138.7	151.18	126.41	158.15
	占比（%）	26.06	22.92	11.24	12.02	2.29	12.02	—	—	22.58	22.24	20.58	23.36
	排序	1	2	4	4	7	4	—	—	2	3	3	1

数据来源：历年《中国卫生统计年鉴》。

注：—表示数据缺失。

考虑环境污染的"亲贫性",更要揭示出这种"亲贫性"背后的社会经济机制。如果按照市场机制来解决"毗邻设施"的选址问题,贫困地区的"污染"价格和显性成本会明显低于其他地区,而潜在的成本却不成比例地落到了这些贫困地区。在中国,环境健康公平问题在实践中体现得最为明显的一类群体就是农民工群体,这一群体暴露于污染中的概率大、程度高,且表现出更为明显的易感性,容易导致"低经济社会地位—低健康人力资本—低劳动能力—低经济收入—低经济社会地位(低健康水平)"微观层面的"环境健康贫困"陷阱。其所带来的恶果是,不仅使得农村居民和进城务工人员的收入水平和福利水平下降,而且进一步使之丧失未来可持续劳动的基础——健康。伴随着阶层固化和社会流动概率的下降,这种"贫困陷阱"会存在代际传递。Holdaway(2013)将中国环境与健康领域的问题归结为三类——能力和资源的限制、协调的缺乏、利益冲突,突出表现在:(1)缺乏专门应对环境健康风险的资金、技术和人才,且分布不均;(2)仅有环境和卫生部门实质性参与其中,多数机构不愿意承担额外的工作和费用,即使是在环境和卫生部门中,环境健康工作也仅是一项"副业";(3)利益冲突加重了上述问题,维持高经济增长率与遏制污染之间存在紧张关系的现象十分普遍,不同的问题又有不同的利益分布和结合,如城市企业和公共交通之间的替代以及贫困地区的可持续生计问题,而腐败和地方保护主义则进一步加剧了这些问题。

第二节　中国环境健康政策演进与治理体系

中国现代意义上的卫生健康事业起步于1949年中华人民共和国成立后,当时政府就明确提出通过预防从源头上解决卫生疾病问题,这也是由当时的卫生健康现实和财力水平决定的。由于当时的疾病主要为传染病,而环境既是传染病的来源,也是传播的重要介质途径,所以中华人民共和国成立之后,迅速成立了爱国卫生运动委员会,该委员会的主要责任就是推动疫病预防和相应的环境改善,并发动群众参与,爱国卫生运动在中华人民共和国成立初期对于及时有效且低成本地预防和治疗疾病发挥了至关重要的作用。正是那个时候,政府首次将环境健康问题以"其他"名义纳入政府职能和社会职能范围内。在改革开放之初,由于工业化进程尚处于早期,而且也没有与外界进行大规模的经济社会往来,相应的健康风险也主要集中于一些传统领域当中。

改革开放后,由于工业化进程的加快和国际交流往来的增多,健康风险逐步从传统型健康风险转化为现代型健康风险,后者的风险来源主要与现代化建设密切相关,环境污染所带来的健康风险就是重要一类,比如工业企业生产过程中排放的废气和水污染所引致的健康风险。针对这些现代型的健康风险,由于起步晚、隐蔽性强等原因,在当时的条件、能力和视野下,很难作出及时的反应和应对。环境保护与卫生健康工作远远滞后于现实的需要,爱国卫生运动委员会已经无法应对。在环境健康问题的新形势和新趋势下,中国环境与健康的工作不仅要整合卫生系统的环境卫生工作和环保系统的相关监测、治理工作,还要根据现实需要和国外经验对健康损害检测、赔偿等内容进行调整。在这样的背景下,急切需要一种新型环境管理模式和健康管理方式来应对。

虽然环境保护和卫生健康工作对于政府管理而言是一个比较常态化的职能,但是一旦涉及环境与健康之间关系的处理时,相应的政府职能如何履行就成为一个重要的考验。近二十年来,随着公众需求的变化,环境保护的中心工作和重点也逐步从传统的污染总量控制与浓度控制转移到环境质量的监控和环境质量改善上来,从过去被动的管控到主动的治理,反映的不仅是机制的转变,也是政策执行理念的变化。环境健康管理工作对科学依据的依赖性相对较强,故而中国环境健康管理的起步涉及环境健康问题的调查研究和科学实验。

中国环境与健康的调查工作起步于 20 世纪 70 年代,调查工作的重点已由单纯的污染源调查逐步转向环境污染对人群健康影响的调查。真正意义上的环境健康管理工作起步于近二十年,原卫生部的相关机构特别是下属中国疾病预防控制中心在环境健康风险预防中发挥了极为重要的作用。目前,国家卫生健康委员会的环境与健康管理工作主要由规划发展与信息化司下属爱国卫生工作办公室、职业健康司下属的预防处以及中国疾病预防控制中心下属的公共卫生管理处负责。卫生健康委、各级疾病预防控制中心和医院等已经建立了一套公共卫生与疾病预防控制系统,对与环境污染有关的健康问题进行监控和管理。

相较世界其他国家,中国的环境保护事业起步并不算晚,在 1994 年联合国人类发展大会(国际人口与发展会议)后,中国政府就开始着手开启环境保护和管理工作,所涉及的范围和程度也在不断拓展与深化。改革开放以来,出台了数目众多的涉及空气和水污染等方面的法律,包括机动车尾气排放、农药、食品安全以及各个行业的职业健康和安全,但是中国的环境法规在多数情况下没有把环境污染和健康明确联系起来,或将保护公众健康作为其首要目标。2005 年,原国家环保总局在环境科技标准司下成立环境健康监测处,其主要工作是：开展环境健康风险的监测、协调,与相关部门建立联合工作机制,提出并改进现有环境健康管理技术标准等。该处成立之后,组织开展了河南部分"癌症村"状况及产生原因调查、重庆市饮用水源地有机物污染调查等工作；启动了环境健康相关标准和法规制定的准备工作；组织和参加了多项国际、国内环境健康相关会议,与原卫生部、原军事医学科学院等初步建立了工作联系,与世界卫生组织和国际铜业协会等建立了交流和合作。原国家环保总局与原卫生部于 2005 年开始商讨《国家环境与健康行动计划》,该计划提出建立健全环境与健康立法及其法律保障体系、环境健康的监测网络和风险预警评估体系、环境健康风险评估与来源识别机制、环境健康应急处置机制、环境健康研究与发展项目等。2005 年 11 月 8—11 日,由中国工程院主办,原国家环保总局环境监测总站承办的"环境污染与健康"国际研讨会顺利召开。11 月 18—19 日,原国家环保总局、原卫生部和世界卫生组织(WHO)联合举办了历史上首个国家层面的环境与健康发展论坛,就《国家环境与健康行动计划》的框架和内容、国内外环境与健康工作的形势与任务、当前的优先领域及具体的合作项目进行了讨论,并提出了建议。12 月,原国家环保总局参加了由联合国环境规划署、世界卫生组织和亚洲发展银行共同举办的第二届东南亚和亚洲国家层面的环境事务与健康事业高层论坛,此次会议主要讨论如何在亚洲范围内建立国家层面的合作机制,并讨论了相关的合作文本——《环境健康区域合作宪章》(简称《宪章》)；与世界卫生组织联合启动了"农村室内空气污染调查"项目,与国际铜业协会讨论"采矿、冶炼、废旧电器回收等行业造成的环境污染,损害周边居民人体健康"等问题"十五"期间,原国家环保总局组织多方力量(包括环境规划院、环境科学院和部分高校)立项了"环境污染对人体健康损害及补偿机制研究",初步制定和确定了环境污染健康风险及其损害标准的依据,并拟定相关的法律文本草案。2005 年,原国家环保总局结合该科技攻关课题,启动了镉、铅、砷、汞四类特殊的环境健康风险源损害的标准化和差异化研究工作。

2006 年,原卫生部和原国家环保总局联合成立了环境和健康办公室,主要负责检测环境因素所造成的健康影响、交流信息、评估污染对健康的影响,并发布公众预警信息。2007 年,我国发布了环境与健康领域的第一个纲领性文件——《国家环境与健康行动计划(2007—2015)》,提出了六大行动策略和三大保障政策,18 个部门签署了这项计划,加强了机构间的合作,力争建立一个以原环保总局和原卫生部为首的"环境与健康的国家级组织结构"。在地方层面,地方政府对新型的环境健康问题的理解和反应,普遍比中央弱得多,具体的工作在大部分地区还没有开展(苏杨和段小丽,2010)。2008 年 1 月,原卫生部与原国家环保总局联合发布通知,成立由发展改革委等 16 部委相关人员组成的国家环境与健康领导小组,该小组的领导小组结构与治理机制见表 8-2。

表 8-2 国家环境与健康领导小组结构与治理机制

组 织 机 构	协 调 机 制	监测、调查和研究	应 急 处 置	宣传、教育和培训
建立环境与健康工作领导小组;建立环境与健康工作联合办公室;建立环境与健康专家咨询委员会;建立环境与健康主题工作组	领导小组例会制度;联合办公室工作制度;共同协调地方工作制度	根据需要开展环境与健康监测工作;协作开展环境与健康相关调查研究	建立环境与健康突发公共事件信息定期通报和重大事件及时通报制度	双方联合开展环境与健康相关专题社会宣传;共享教育和培训资源

资料来源:原环保部、原卫生部。

2009 年,中国首个《国家污染物环境健康风险名录》(化学第一分册)发布,该名录首次提出了环境健康风险的主要化学源头和因子。为进一步加强环境健康工作的前瞻性和系统性,2011 年《国家环境保护"十二五"环境与健康工作规划》出台,根据该规划,中国政府将系统地从环境健康机构与人员设定、环境健康摸底调查、环境健康风险监控、环境健康风险识别与评估、环境健康标准设定、环境健康应急处置机制和环境健康信息系统等方面进行设计。之后,为了细化不同群体的环境健康风险管理,原环保部,有针对性地对成年人的环境健康暴露风险和健康反应函数进行了系统性的研究和评估,并编制和发布了适用于中国成年人的环境暴露行为模式研究报告和暴露参数手册,根据该报告和该手册可以比较清晰地掌握中国成年人的环境健康行为模式,且可以根据暴露参数采取更具针对性的规避措施。在环境健康风险预防的社会机制设计方面,为界定中国公民环境与健康素养的基本内容,普及现阶段公民应具备的环境与健康基本理念、知识和技能,促进社会共同推进国家环境与健康工作,原环保部组织编制了《中国公民环境与健康素养(试行)》,并于 2013 年正式发布。

党的十八大以后,随着对环境问题重视程度的加大和各类治理机制的完善,中国的环境健康管理工作也进入了一个新阶段。为推动环境健康风险管理,促进保障公众健康的理念融入环境保护政策,2017 年 2 月,原环保部发布《国家环境保护"十三五"环境与健康工作规划》,提出了五大重点任务和三大举措。为了进一步协调环境与健康之间的工作,2017 年 3 月,相关部门又进一步出台了《环境与健康工作办法(试行)(征求意见稿)》。2018 年 1 月,原环保部发布了《国家环境保护环境与健康工作办法(试行)》,该办法进一步明确了地方环境健康风险管理的责任主体,从环境健康风险监测、调查、风险评估、风险投诉与互动、风险防范以及危机治理等方面提出了操作指南。

从机构设定来看,2018 年 3 月的国务院机构改革方案中,明确提出了生态环境部为环境健康监测和管理工作的具体负责部门。具体工作由生态环境部法规与标准司负责,将"组织管理环境与健康有关工作,建立环境与健康监测、调查和风险评估制度"作为其主要工作职责,该司下设标准管理处(也称为"环境健康处"),主要负责标准综合协调和管理等环境健康相关工作。2018 年 6 月,生态环境部印发了《环境与健康数据字典(第一版)》,开启了环境健康管理标准化工作,该数据字典包括自然环境和社会经济状况、污染源、环境质量、暴露测量、暴露参数、个体基本信息、污染物人体内负荷和健康状况共 8 类 194 条数据元和 51 条术语,与国家已经发布的数据标准保持一致,有助于从源头上保证对不同来源的环境与健康数据有一以贯之的技术标准和对接的参数,为促进环境领域与健康领域的信息互通提供保障和典型基础。2018 年 8 月,生态环境部在全国首次推行环境健康风险管理试点改革,将环境监测与健康监测动态结合。

虽然保护环境和改善公众健康都是中国发展政策中非常重要的组成部分,但是它们仍然是分离开来的,而不是综合统一的目标。在实际工作中,环境保护讨论的内容主要是资源保护和生态环境保护,而公共健康方面讨论的主要是服务机制的改进和财政支持。原环保部和原卫生部是具体履行生态环境保护和公共卫生健康工作的政府职能部门,但是环境健康事务均位于这两个部门日常工作的边缘地位。

归结起来,中国的环境与健康管理在体制管理、机制设立和信息互通等方面存在问题,表现为底数不清、投入严重不足、认识不高、环境与健康的管理体系不健全、环境与健康相关法律法规不完善等。主要体现在以下四个方面:

第一,环境与健康信息的获取与处理。长期以来,中国环境与健康相关数据分布在不同的系统和部门,由于缺乏统一的数据标准对信息系统建设和数据采集进行规范,不同部门、不同地区采集到的数据在内容、定义、格式和表达等方面不一致,极大限制了数据的有效利用(环保部,2018)。从 20 世纪 90 年代至 21 世纪前十年,中国没有再进行全国性的环境健康摸底调查,因而这一阶段的环境健康底数、参数和实际情况无法得到全面反映,只能依靠一些局部地区的环境健康专项调查进行典型反映。环境健康数据的缺失和不足会直接导致对环境健康基本风险缺乏判断、对环境健康风险结构缺乏掌握、对环境健康风险的规避缺乏针对性的指引,从根本上限制环境健康风险的治理。后续需要从基础数据监测、收集方面构建起全方面、全覆盖的环境健康监测体系,为后期环境危险因子的识别、环境健康风险评价,以及环境健康风险治理机制的设计提供思路和可行方案。

第二,环境部门与健康部门的协调。虽然环境保护和公共健康是政府确立的两项基本公共服务,在政策上得到了巨大的倾斜和支持,但是在历次党代会报告、政府工作报告和各自领域的政策文本中,两者通常展现出的是两个相互独立甚至不相关联的主题,比如公共健康主要讨论和制定的是公共健康服务机制和财政投入的问题,而环境治理则更多地讨论环境监管和治理机制创新。从机构设置上看,在党的十八大之前,无论是在卫生部门还是在环境部门,始终没有一个统一的、明确的牵头单位专项负责环境健康事务。从根本上讲,这是由历史原因和当时的部门治理结构决定的。卫生健康部门的工作重点主要集中在医疗保险体系、产妇和儿童健康基础保健项目的科层治理以及治疗体系的建立上,重治疗轻预防的特征明显,还没有从管理上强调与环境相关的健康风险问题。环境保护部门在很长一段历史时期内处于弱势地位,环境保护管理部门缺乏独立性,直到原国家环保总局独立出来后,相关环境治理方面的职责才逐渐开始明确,而环境健康问题又伴有较强的隐蔽性和难以识别性,使得其长期被忽视。早期的、传染性的环境健康问题主要由爱国卫生运动委员会负责,之后在原环保部设立了环境健康处,同时也建立了环境健康部际协调机制,但是这种协调机制缺乏有效的激励约束手段,实际治理效果并未显现。正如在上述部分所提到,环境健康信息在整个环境健康治理中居于基础性地位,而环境和健康的信息又分属于生态环境部门和卫生健康部门,相关的资源共享和信息公开也尚未实现,这些不利因素使得后续的环境健康管理(包括赔偿和补偿)都缺乏应有的技术条件和基础。

第三,环境健康立法与司法工作。现行的法律中没有一部法律和法规明确环境健康工作的地位与职责,为数不多的一些文本则属于部门规章和处室制定的工作办法,只有少量的环境健康标准,相关的基数、底数和参数几近空白。环境与健康管理的机制不仅落后而且严重匮乏,许多环境管理手段大多还停留在行政命令和管制层面,没有与环境健康工作形成交叉。

一些社会化和市场化的环境治理机制也没有考虑环境健康因素,现有的环境管理制度和管理模式很难适应新形势下环境健康工作的实际,特别是公众参与不足,既缺乏参与的激励,也缺乏参与的条件;对一些危害环境健康的违法行为缺乏有效的约束和规制,环境健康信息不足也助长了违法行为的"肆无忌惮"。在司法层面,环境执法工作依然偏软,而针对健康危害的环境执法工作相对更少。由于缺乏明确的事实依据,环境健康司法工作始终无法展开,后续的救济和补偿也缺乏科学的依据。事实上,由于环境健康标准的缺乏和法律操作指南的匮乏,加之信息不透明,使因污染致病缺乏明确的责任主体,导致环境健康成本成为一种沉没成本。相关的补偿和赔偿无从谈起,不仅导致了因病致贫和发展差距的拉大,而且产生了污染不负责的负向激励,起到了扭曲的"示范效应"。

第四,中央与地方环境健康治理体系。虽然环境与健康成为一项重要的政府事权,但是环境健康问题没有完整地列入环境治理或者卫生健康等专项事权责任清单中,由于缺乏必要的财政和人事支持,地方政府在执行政策的时候往往会根据优先顺序进行事务治理,即使地方政府为环境保护执行国家环境标准,但往往只是基于考核或者环境达标而进行努力,却忽视了环境治理最终的目标——健康福利。这也就意味着,尽管中央在大力推进环境健康的预防和治理工作,但是由于缺乏一些法定事权的约束,中央和地方在环境健康事权方面缺乏一个明确的责任分工。近年来,虽然中央制定了相关的环境健康管理办法、规划和指引,但是由于缺乏地方政府的积极响应,这些政策或者办法本身形成了落地难的问题。更为重要的是,由于地方政府官员主要是基于经济绩效和社会绩效来进行地方治理,如果环境健康没有被纳入绩效考核的评价体系之中,环境健康将会形成一个巨大的"无人管"地带。

第三节　环境健康公共干预政策设计与治理体系创新

解决中国的环境健康风险等相关问题,需要对环境健康干预政策设计和治理体系进行系统的梳理、诊断和建设,根据本书理论分析和实证研究的结论,我们认为,环境健康公共政策干预需要从公共干预的目标和价值、实现机制和保障制度等方面予以确定。从根本上讲,需要构造一个有效的环境健康治理体系,从机构设定、资源配置、能力建设、激励约束机制设计和体制构造等维度进行系统性设计,具体如下。

一、环境健康公共干预政策设计

在目标和价值上,环境健康公共干预政策必须明确一个目标,即全方位预防、控制和治理因生态环境因素带来的各类健康疾病(包括直接和潜在的健康负担),这是一个底线目标,在底线目标之上,通过环境质量的改善实现健康福利的提升;在价值上,需要重新思考原有的环境治理的价值目标和公共卫生的价值目标,尤其对于环境治理而言,其根本目的并不完全是实现污染减排和环境质量的稳定,而是在于提供有助于健康福利提升的环境公共服务(包括环境质量),而公共卫生的价值目标并不仅仅在于机制设计和体系的完善,更重要的是能够有效识别出各类影响公共健康的风险因子(包括显性的和隐性的)。此外,环境政策和健康政策的制定往往只靠单向的线性思路,而没有有效考虑公平议题。对于环境健康而言,相应的公共政策干预的价值目标就在于实现环境健康公平,或者说通过环境公平来保障健康公平,通过健康公平来抑制环境不公平。

在实现机制上,实现环境健康公共干预政策至少包括三个维度。在第一个维度,需要制定目标清晰、体系合理、约束有力、覆盖面广的环境健康政策清单,这些政策实际上包括环境健康信息发布、环境健康预防机制、环境健康危害过程控制和环境健康结果补偿和赔偿。在第二个维度,公共干预政策能够形成对私人行为或者决策的影响。公共干预行为主要是指公共部门根据所掌握的环境健康信息,而采取的有助于个体降低健康风险或者健康危害的公共干预活动,包括公共资源的配置和相应的制度机制设计,比如,环境健康信息资源的发布和引导,在环境与健康两个领域配置和分配更多的公共资源,对弱势群体采取倾斜性的政策照顾,弱化环境污染的"亲贫性"。在第三个维度,则是要考虑私人规避行为或者私人策略行为如何与公共干预行为形成互动,主要是私人的环境健康需求如何上升为公共需求并进入制度设计中进行考虑、公共干预行为是否会得到私人规避行为的响应、公共干预行为的成本和收益如何进行权衡、环境健康风险干预中的公共部门与私人部门的成本收益分布。

在制度保障上,则需要考虑:环境健康立法、环境健康风险预测与评估、环境健康风险控制与治理、环境健康损失评估与风险责任分担、环境健康补偿和赔偿机制。在关键的健康立法上,既可以考虑在原有的环境保护法中确立明确的环境健康权,也可以单独设立环境健康法,凸显环境健康工作的核心地位,立法层次可以尽可能提高,这样有助于政府、社会和市场的重视和响应,相应的立法内容则应该做到具有很强的可操作性。在环境健康风险预测与评估上,则需要建立以环境健康为导向的环境信息发布机制和预测系统,并对环境健康风险进行等级划分和评估;环境健康风险控制和治理,则主要体现在,需要建立一个环境健康风险全过程监控体系,类似于全国疾病预防控制网络,准确及时地甄别健康风险中的环境因子,并对症下药,及时管控,尝试进行多维治理;在环境健康损失评估和风险责任分担方面,需要根据"谁污染、谁治理"的原则,精确评估出环境健康的损失值以及损失背后的风险来源,根据风险来源和程度大小确定责任主体及责任比例;建立环境健康补偿和赔偿机制,对于一些环境健康风险来源明确的疾病,可以考虑通过赔偿机制进行解决,而对于一些环境健康风险来源不明确的疾病,则可以考虑通过社会化和政府化的补偿机制来解决。

二、中国的环境健康治理体系创新

在环境健康治理机构设定上,可以考虑采取嵌入式和分工协作式的原则,不需要再单独设立一个环境健康高级别机构,可以考虑在现有的生态环境保护部门和卫生健康委员会的机构体系下,将环境健康分别纳入相应的部门责任清单,并明确责任主体和事权主体;同时在环境健康治理上,生态环境部门和卫生健康部门之间以及内部之间需要有一个明确的事权清单和分工清单,按照专业优势和信息优势原则进行分工。对于生态环境部门而言,主要侧重于环境健康风险源的控制和治理、环境健康风险责任划分以及环境健康立法;而卫生健康委员会则可以考虑环境健康疾病的预防和治疗、环境健康损失评估、环境健康补偿和赔偿制度设计。在两个部门内部,至少需要多个内设机构的参与,以生态环境部门为例,相关的环境监测、环境科技、环境规划和环境监管等部门都应该赋予他们相应的职责。对于卫生健康部门,则需要进一步考虑疾病预防、疾病治疗、医疗保障、政策法规等处室的参与协同,明确分工。

在环境健康治理资源配置上,需要考虑公共资源和私人资源的配置组合以及公共资源内部的分配。在公共资源和私人资源的配置组合上,应该有一个明确边界和事权清单,对于公共部门而言,更重要的是提供带有明显公共产品性质的环境健康公共产品,比如环境健康信息发布、环境健康立法、环境健康监测系统、环境健康补偿等;而私人部门需要更多地考虑个体和群体的资源是否充足以及配置效率问题,包括私人规避行为中的环境健康产品的消费情况,比如预防性产品、环境健康险等。在公共资源内部的配置上,考虑到中国的公共资源特别是财政资源的分配依然是按照部门进行分配的,这就决定了有关环境健康的公共资源主要切块分布于环境部门和公共卫生部门。一方面,这两个部门需要考虑"补短板",在以往不足的基础上补足;另一方面,还需要考虑环境公共资源投入和健康资源投入之间的比例,环境公共支出更多体现为预防性和控制性的投入,而健康资源投入更多体现在治疗性和控制性方面,前者的控制性支出主要是环境风险源控制领域,后者的控制性支出主要体现在环境与环境关系之间的控制上。从经济性的角度来看,则需要有一个恰当的效率和公平目标来设计相应的结构。

在环境健康治理能力建设上,需要从资金投入、机构执行能力和技术能力方面进行设计。在资金投入上,主要加大环境健康交叉领域的公共财政投入,可以考虑根据分工原则分别在节能环境和医疗卫生两个大的预算科目下设立与环境健康相关的子预算科目,增强环境健康投入的预算约束和保障能力。在机构执行能力和技术能力上,可以考虑在现有的技术条件下,加大环境健康参数的嵌入,从人员编制安排、设备保障能力、研发能力等多维度提升环境健康治理能力,包括支持重大环境污染控制技术创新研发,重点攻关一些与污染相关的重大疾病的预防和治理技术手段及药品研发,等等。

在环境健康治理激励约束机制上,重点考虑对相关利益主体和参与主体作出激励,做好约束。对于政府部门而言,需要将环境健康目标分解后,进一步纳入绩效考核,明确奖惩;对于环境污染主体和环境健康风险责任主体,清晰明确地界定责任,做好赔偿和补偿;对于不同部门之间的协调,需要考虑设立一个临时性的议事办公室,由超出两个部门的共同领导来担任委员会主任,做好沟通协调,明确分工和相应的责任主体,建立长效的工作机制。

在环境健康治理管理体制上,需要从行政管理体制和财政管理体制两个维度进行设计。在行政管理体制上,需要明确环境健康行政事权清单,在中央和地方之间以及横向部门之间进行科学划分;在财政管理体制上,同样需要细化和明确环境健康的财政性事权和相应的支出责任,对于事权责任明确地按照收入能力—受益范围确定中央和地方之间以及地方政府之间的环境健康支出责任;对于经费不足的部门可以考虑通过设立一定规模的均衡性转移支付进行补助和适度的专项转移支付进行引导。同时,市场主体和政府主体之间也应该有一个清晰的事权划分和支出责任划分清单,对于责任明确的市场主体可以考虑通过多种形式进行投入、补偿甚至赔偿,对于责任不清晰的领域和事务,可以考虑以社会捐赠、政府补助的形式进行补偿,做到事权与支出责任相匹配,支出责任与支出能力相适应,实现激励兼容。

第九章　环境健康经济学理论体系与政策框架设计

第一节　环境健康经济学理论体系的构建

在第三章中我们已经对环境健康经济学的理论体系进行了详细的阐述,在此我们不妨作简要的回顾,以便更好地进行政策框架的设计。

从学理角度看,环境健康经济学是以环境科学和医学中有关环境与健康关系的理论作为基础,综合运用经济学的研究范式来探讨环境变化过程中健康人力资本所受到的影响,以及由此引发的一系列经济社会效应。该理论的学理基础是环境科学和医学中有关环境与健康关系的理论,逻辑起点是环境对健康人力资本的影响,这是环境健康经济学理论的一个基本范畴。在这个逻辑起点基础上,环境对健康的影响,可以进一步拓展到经济和社会两个层面,突出地表现为,环境健康对经济发展和社会再分配的影响,进而构成了环境健康经济学理论的两个重要支撑,面对环境对健康人力资本以及经济社会所产生的不确定性和外部性,需要进一步建立一个全面、协调与可持续的干预体系(机制)。

环境健康效率理论主要是指环境对健康人力资本的影响及其在此基础上对劳动力市场、教育质量、经济行为(包括储蓄、投资等)和经济增长的影响。环境污染已经成为整体经济发展的重要因素,环境健康经济学的研究视角可以进一步从人力资本领域延伸和拓展到经济增长领域。从研究角度看,环境健康效率理论绝非仅仅以健康作为研究的重点,而是探讨环境—健康—经济—社会的互动协调发展。环境健康经济学的效率理论包含了两个层次的理论:第一层次主要为环境健康人力资本理论,第二层次为环境健康经济效应理论。第二层次建立在第一层次的基础上,即环境对经济发展的影响是通过影响健康人力资本进行传导的。环境对健康人力资本的影响主要包括不同类型环境要素对不同人群的影响,环境健康经济学根据环境要素的类型,比如空气污染、水污染、气候变化等对健康的影响,并考虑到不同人口群体的生理特征,进一步区分了婴幼儿、成年人和老年人,同时还采用恰当的方法将个体数据与辖区环境数据进行匹配,形成新的研究手段,为制定最优的环境政策提供了科学的依据。健康与教育是人力资本的两个重要源泉,健康与教育之间有着天然和必然的联系,良好的健康状况是进行教育人力资本积累的基础和前提,良好的教育人力资本有助于人们更好(包括经济成本更低)地塑造健康。教育与健康之间相互影响,彼此互为倚靠。在环境经济学、健康经济学和教育经济学的文献中(如上述梳理和阐述),生态环境质量确实会通过健康(包括身体健康和心理健康)、认知能力、教育质量、劳动参与来影响微观个体的行为绩效和组织行为绩效。在理论化的分析框架和模型中,可以将上述传导机制一般化,进而刻画出环境对健康人力资本的影响,以及在此基础上分析其对经济增长的影响。探讨环境健康对经济增长的影响,应当主要解决三大问题:一是环境对健康的影响如何纳入增长模型中;二是环境对健康的影响是否只能通过影响人力资本或者劳动力来传导至经济增长;三是考虑环境健康效应时,最优或者次优的经济增长路径是什么。

环境健康公平理论主要揭示环境影响健康不平等是如何通过两种机制独立或者混合发挥作用。第一种机制是差异化暴露水平,是指相比较一些群体,另一些群体更容易暴露于环境污染之中。环境对健康的影响在很大程度上取决于暴露在污染风险中的概率,如果所处的外部环境不变,当环境质量恶化所带来的暴露在污染中的概率上升或暴露在污染中的程度加剧,其所产生的环境健康风险和危害可能会更大,这反映的是污染暴露源头的差异。第二种机制是差异化健康效应,是指当暴露于同等环境污染之中,一些群体的健康更容易受到环境的影响。无论是通过第一种机制还是第二种机制,社会经济地位和所享受到的公共服务在其中都发挥着重要的调节作用。从微观机制来看,处于经济社会弱势地位的群体,更容易暴露于环境污染之中。即使面临着同等的环境污染暴露水平,由于其缺乏应有的风险规避能力,更容易受到环境污染的影响,所产生的健康负担可能更重,加剧个体间的健康不平等,使得污染具有典型的"亲贫性"。同时,依据经典的环境库兹涅茨曲线,在经济发展的早期阶段,环境污染会快速上升(环境质量快速下降),在这一阶段,任何地区和国家都可能陷入"高污染—低健康—高消费—高污染"的陷阱当中,如果不进行相应的干预,这种风险就有可能转化为现实。对处于经济发展中早期阶段的地区而言,其环境污染的风险暴露较大,所产生的健康绝对负担较重;同时,相较于其规模更小的经济收入(经济基础)而言,这一地区由环境污染所产生的相对健康负担也可能更重,因此会进一步加剧地区间的经济不平等。

环境健康经济学干预理论探讨的是在面临环境健康风险或者危害时,如何通过有效的预防和治理手段来实现将环境健康风险或危害最小化,其中隐含着对环境健康风险或者危害不均衡分布的一种干预。该理论主要包含三个层面的内容:第一层面的理论探讨的是私人规避行为,主要是指个体在面临环境健康风险威胁或者处于环境健康危害之中时,基于自身的要素资源禀赋所进行的预防型和治理型行为。比如,当获悉环境污染加剧时,其可能会选择在室内活动、戴口罩、选择其他居住地;再比如,当正受到环境健康的危害时,会采取积极的治疗方案,并及时切断与污染危害源头之间的关联。第二层面的理论探讨的是公共干预行为,公共干预行为主要是指公共部门根据所掌握的环境健康信息,而采取的有助于个体降低健康风险或者减少健康危害的公共干预活动,包括公共资源的配置和相应的制度机制设计。比如,环境健康信息资源的发布和引导,在环境与健康两个领域配置和分配更多的公共资源,对弱势群体采取倾斜性的政策照顾,来弱化环境污染的"亲贫性"。第三层面的理论探讨的是私人规避行为或者私人策略行为如何与公共干预行为形成互动,比如私人的环境健康需求如何上升为公共需求并进入制度设计中进行考虑、公共干预行为是否会得到私人规避行为的响应、公共干预行为的成本和收益如何进行权衡、环境健康风险干预中的公共部门与私人部门的成本收益分布等问题。综合来看,环境健康经济学中的干预理论,是一个全新的方向,实际上揭示了在面临着不确定风险的条件下,私人和公共部门如何进行策略反应和策略互动,以及两类主体进行互动的驱动机制是什么、互动机理(渠道)是什么、互动的绩效如何。

环境健康经济学具体的研究框架的研究内容见图9-1。当前环境健康经济学理论研究正处于方兴未艾的阶段,虽然有关这一领域的学科归宿、学科属性、学科理论基础、逻辑起点、研究方法和研究内容还存在许多不完善的地方,但是现有的国内外研究还是做了许多大胆的尝试。尽管这些研究大多是碎片化的,但是总体上还是能够搭建起一个比较合理和清晰的分析框架与理论基础。从学理角度看,至少但不限于可以在以下三个方面对现有研究做进一步的拓展。

一是构建环境健康经济学研究的一般均衡分析框架。从微观经济学视角来看,从代表性个体的效用函数出发,将环境因素(包括环境污染、环境干预、环境私人行为)纳入效用函数和生产函数,求解预算约束均衡条件下的环境健康需求函数,并同时进一步将规避行为内生化,在重新建立预

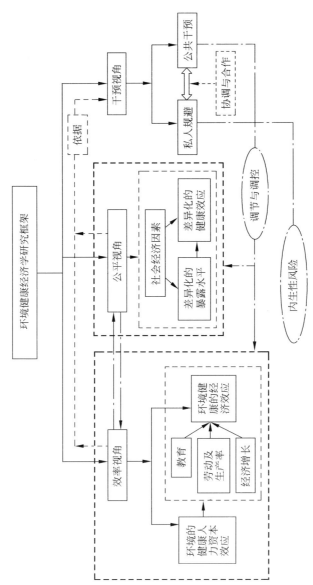

图 9-1 环境健康经济学研究框架与研究内容

算约束的基础上,求解最优的规避行为和公私组合。从宏观经济学的角度来看,在原有的内生经济增长模型基础上,进一步考虑环境污染对健康的影响。当同时纳入环境对健康的影响、环境政策对要素投入比例的影响、环境健康要素配置结构、环境政策对技术变迁和研发规模及结构的影响等多种因素时,从一个更细致和更加综合的视角来评估不同类型环境政策与健康政策对经济增长和经济发展的影响,求解最后的均衡结果。二是运用大数据和人工智能技术,从普适性的角度运用多种现代技术来探讨环境健康经济理论分析框架所确立的效率、公平和干预话题。已有的研究大多数是基于小范围内的样本所做的,既缺乏一般性,也缺乏比较性。伴随着数据库的不断改善,在更大空间范围内评估环境健康经济学研究的议题越来越具有可能性。而这对公共政策制定的作用将更为明显,当然,研究过程中对内生性问题如何进行处理是一个需要考虑的前置问题。三是公共部门和私人部门如何在环境与健康关系以及环境健康风险治理中形成"分工明确、激励兼容、协调有力"的"公私合作"关系。已有的研究虽然同时考虑到了私人规避行为和公共干预,但是对于两者之间的关系却忽视了。事实上,环境健康型公共产品是一种典型的混合公共产品,公私合作才是最优的供给模式。对于私人而言,规避行为的选择可能面临着成本约束和收益激励,如果成本和收益不对等,很可能出现规避不足或规避扭曲等问题。公共部门的激励和引导显得尤为重要,两者关系的基础又是建立在"信任"和"信息"之上,公共部门的激励和引导如何与私人部门的需求对接,将决定着整体环境风险规避的有效性。此外,公私规避行为的选择也会通过影响生产行为和消费决策进而影响经济增长,这个过程还需要求解最大化社会福利的均衡解。显然,运用公共经济学、信息经济学、经济增长、规制经济学和福利经济学等相关理论知识研究这一问题具有极强的现实应用前景。

此外,环境健康经济学不仅讨论局部均衡问题,而且更为重要的是基于对环境健康效应以及由此所带来的经济效应和社会效应,与环境健康治理的成本之间进行综合权衡,在此基础上,形成新的均衡。这也就意味着,环境健康经济学带有明显的福利经济学色彩。一方面,经济发展既可以带来改善健康福利的经济条件,也会产生损害健康福利的环境污染;另一方面,通过污染治理可以带来健康红利,同时也会在局部领域"影响"经济发展。所以,从经济学的角度来看,环境健康经济学所隐含的"经济—环境权衡策略"需要进行综合权衡。基于本书的研究,我们发现,将经济发展保持适度的速度水平,更加注重发展的质量和发展的内涵,有助于增强污染治理所带来的健康红利,同时可以在一定程度上缓解经济发展速度减缓所带来的不利影响,进而从根本上提高环境健康的综合经济社会收益。

第二节　环境健康政策框架体系与治理机制设计

第一,建立多部门纵横联系的协调管理机制,应对日趋严峻的环境变化与健康风险挑战。构建完备的从中央到地方的五级环境与健康专门管理机构,在环境保护支出和卫生健康支出中列示明确的部门经费。环境保护中的环境健康支出侧重于环境健康风险源头和过程控制,卫生保健中的环境健康支出侧重于环境健康应急处置及相应的保健预防。推动地方环境健康工作领导小组和办事小组,当前已经建设 2 个、建成 1 个国家环境保护环境健康重点实验室,21 个省份拥有了省级专业队伍。根据《"十四五"环境健康工作规划》的要求,开始制定全国居民环境健康素养监测总体实施方案,建立素养监测工作网络,每个省份建立不少于 6 个县(市、区)监测点;同时,完善政府主导、部门协作、社会积极参与的环境健康工作格局,加快推动"把健康融入所有政策"落到实处。强化环境与健康科学研究,环境与健康科学研究必须依托相应的系统、数据和调查网络。

第二,建立权责利对等的环境健康风险分摊机制。环境风险是中国加快推进"四化同步"建设过程中不可回避而又亟待解决的重大问题。由于缺乏明确且有效的疏导和应对机制,环境风险成为社会各类矛盾的"宣泄口",严重影响社会稳定。环境污染救助补偿和责任保险制度作为一种分摊机制切实可行,环境污染救助补偿是由政府和社会组织主导参与的,是对环境污染受损群体特别是弱势群体提供和垫付应急性、临时性救助补偿金的制度安排。推动环境污染责任险覆盖大部分工作,针对环境风险程度和广度进行保险定价,完善环境污染责任事故的认定工作,确定赔偿责任和赔偿比例。现有环境风险评级制度和社会保障制度可以提供参照,环境风险评级制度已经建立,该制度能够对各类环境风险进行界定、度量和评估,为后续的风险救助补偿和责任保险提供依据与技术支撑。可以考虑将现有的环境污染救助补偿和环境污染健康因素融入现行的社会救助体系和保险制度中,均有很强的可操作性。环境污染救助补偿和责任保险制度兼具公平和效率。环境污染救助补偿制度能够及时对因污染而影响健康的群体特别是弱势群体提供帮扶,避免因环境健康风险而返贫或致贫,体现社会公平。同时,通过建立补偿制度和责任保险制度能够明晰环境污染主体的责任,体现"谁污染、谁治理、谁补偿"的精神,符合效率原则。20 世纪60—70年代,美国、欧盟和日本等国家(地区)在出现环境危机和环境运动热潮之时就已经建立了类似的制度,效果明显。环境污染救助补偿和责任保险制度能够有效预防和化解环境风险。环境污染救助补偿制度,可以构筑风险防范的第一道关口,预防和缓解因各类环境风险而带来的矛盾激化和升级;同时,责任保险制度可倒逼环境污染责任主体实施有效的风险预防和治理措施,从风险源头上形成对污染主体环保行为的激励和约束,同时还能及时为化解风险提供资金来源。将两种制度结合,建立政府、企业、社会和个人共同参与的环境风险防范与化解机制,兼具风险分摊、救济补偿和社会管理三重功效。

　　环境污染救助补偿制度和责任保险制度是在不改变现有制度的基础上,通过增量改革对现有的环境风险分摊机制进行补充和完善,强调民生性、应急性、持续性和激励性。一是有效识别和界定环境风险的来源、类型和影响。加速推进环境风险评级制度与救助补偿、责任保险之间的有序衔接,根据环境风险来源界定责任主体,根据环境风险类型划分责任范围,根据环境风险影响核算责任标准。加大环境健康风险的评估力度,重视环境与健康关系识别的基础能力建设。二是现阶段环境污染救助补偿制度可先行一步。根据现有的财力条件和环境形势以及法律程序,环境污染救助补偿制度可以先行实施,在环境风险责任主体尚未完全界定清楚的条件下,明确政府在污染救助补偿中的"兜底"主导作用,可根据受害者的经济条件和受损程度,由政府先行垫付健康恢复救助补偿金,可纳入地方政府社会救助体系一管理,或单独建立"以财政资金为主体、社会捐赠为补充"的环境污染救助补偿基金,专款专用。三是环境污染责任保险应体现适度但有差别的强制性。基于环境责任险试点中存在的困境,可借鉴《中华人民共和国道路交通安全法》等法律中规定建立强制性责任保险制度的做法,建立具有法律约束力的强制性环境保护责任保险。根据参保主体的环境风险程度、企业经营能力确定差异化的保险费率,可尝试通过在企业所得税中按照一定的比例税前扣除的办法激励企业积极参保;同时,建立环境责任险保费补贴制度,对中西部地区、中小企业和重点生态功能区投保企业进行保费补贴,对承保保险公司给予相应的税收优惠。四是加快化解环境风险的法制化进程,制定"环境健康救助补偿法"和"环境污染责任保险法"。尽快将环境污染救助补偿与责任保险制度纳入法制化管理轨道,可由生态环境部和金融监管总局在广泛调研的基础上牵头起草"环境健康救助补偿法"和"环境污染责任保险法",前者应着重突出环境健康救助补偿的适用条件、对象和标准以及救助补偿责任主体与资金管理,后者应明确环境污染责任保险的参保者、参保费率、损失赔偿责任认定和相关政策优惠。

第三,建立环境健康政策法规与标准体系。环境健康政策法规与标准体系是开展环境健康工作的依据、保障和指引,在环境健康政策法规参照的基础上,需要明确环境健康工作的政府职能,确立环境健康事务的责任清单和责任主体,在环境健康风险管理、风险治理、环境健康补偿和赔偿等方面开展立法工作;对环境健康标准,需要在基数、底数和参数三个维度去确立环境健康风险的技术规范、暴露水平、暴露反应函数、风险等级及其责任标准与补偿赔偿标准。

第四,多措并举化解"环境—贫困陷阱"风险。以新型城镇化为总抓手,建机制、转方式,促使工业化与农业现代化相协调,人口、经济、资源与环境相协调,大、中、小城市与小城镇相协调,人口积聚、"市民化"与基本公共服务均等化相协调,按照产城融合、节约集约、生态宜居、和谐发展的新型城镇化路子持续推进,有效阻隔"环境"与"贫困"之间的联系。对于事权责任,明确按照收入能力—受益范围确定中央和地方之间以及地方政府之间的环境健康支出责任;对于经费不足的部门可以考虑通过设立一定规模的均衡性转移支付进行补助和适度的专项转移支付进行引导。同时,市场主体和政府主体之间也应该有一个清晰的事权划分与支出责任划分清单,对于责任明确的市场主体可以考虑通过多种形式进行投入、补偿甚至赔偿。对于责任不清晰的领域和事务,可以考虑以社会捐赠、政府补助的形式进行补偿,做到事权与支出责任相匹配,支出责任与支出能力相适应,实现激励兼容。按污染者承担原则,对病因明确的污染健康损害实施赔偿,对环境风险来源不明确的疾病,可以考虑将其纳入救助体系之中,避免"因病致贫"和"因病返贫"。

第五,重视气候变化对健康问题的关注和治理。传统环境健康风险治理关注的是污染对健康的影响,而气候变化对健康的影响可能更为深远和持续。虽然本书的研究中没有过多引入气候变化对健康风险影响的评估,但是从政策干预的角度看,政府层面应该加大对气候问题的监测,包括对气候变化卫生系统的投入,鼓励公众选择更为健康的生活方式,推进低碳化和无碳化生活工作方式,加强气候变化对全球健康负担、经济负担的研究,强化城市建设规划的设计,预防城市不合理规划建设对城市通风道的破坏和对绿地森林的过度占用。

第三节　研　究　展　望

从研究的角度看,本书对未来的研究展望如下:

一是构建环境健康经济学一般均衡分析框架。首先,以环境健康生产函数为起点,在 Grossman 健康生产函数的基础上,纳入环境质量因素,考察环境污染加速健康人力资本折旧条件下的均衡路径。其次,进一步考虑福利公平因素,并将健康生产数动态化,即在一个世代交叠模型中探讨环境健康生产函数所涉及的环境健康成本和收益在群体间、地区间和代际间分布问题。最后,考虑一个包括个体、政府和企业三者的多部门模型,分析个体受损条件下,三方博弈以及政府公共干预及其对个体风险规避的引导和对企业排污决策的干预。

二是研究问题一般化。环境健康问题自古有之,但是尤以工业革命之后为甚。因此,在人类社会几乎无一例外受到工业革命影响的今天,谁都难以逃脱掉污染对健康的影响。从某种意义上来说,环境健康问题及其相关的政策干预在当今社会带有很强的普适性。而中国的工业化、城镇化进程起步相对较晚,但发展的速度和规模是历史上任何国家都无法比拟的。因此,有必要从工业化和城镇化起步较早的一些工业化国家的发展史上汲取教训和吸收先进的干预举措。从更一般意义上而言,有必要从经济学的视角系统地评估环境污染对全球范围内疾病和死亡健康方面的影响,并在此基础上探讨环境污染对不同类型国家经济增长的影响,重点关注由此引发的贫困和不平等问题,最后总结不同阶段各有侧重点的干预措施。在具体研究问题上,对中国而言,可以考虑在四个方面开展系统性的研究:第一,从经济学角度建立一套有效识别生态环境与卫生健康之间关系的识别方法体系,包括采用双重差分、合成控制、断点回归等准实验方法针对不同生态环境健康风险来源(包括气候变化)进行健康反应评估。第二,建立有效的环境健康公平评价诊断理论和系统。环境健康公平是整个环境健康经济学体系中最薄弱也最需要人文关怀的领域,因为大量的环境健康公平议题与现有的不平等制度和来源密切相关、多层嵌套,所以必须转变原有的单纯测度环境健康公平的思路,转而进入多层次、多框架、多领域的环境公平议题讨论和研究。第三,建立有效的环境健康干预理论分析框架。第四,建立中国环境健康评估和治理的大型模型体系。现有的环境健康经济学的研究大多是局部均衡分析,缺乏整体的一般均衡分析,必须将环境健康议题纳入整体的宏观经济社会发展框架中统筹考虑。既不能因为环境健康议题"小"而不重视,也不能因为"环境健康"问题紧迫且重要而给予其过度的"关照",而应该根据整体的框架和整体福利增进来设计环境健康政策,包括建立动态一般均衡模型、动态可计算一般均衡模型等。

三是微观实证化和调查研究实地化。环境健康经济学的重要基础之一就是获取环境影响个体健康人力资本及其他经济社会指标的微观化数据。目前,中国已经有了健全的环境监测系统和疾病监测系统,后续的数据库建设实际上可以考虑将两套数据系统进行对接甚至合并。同时,还需要考虑环境健康微观层面的数据公开和数据使用规范设计,避免无谓的数据浪费,也要规避数据的"滥用"。此外,对于一些典型问题还需要进行典型的田野实验调查,明确研究主题,设计良好的调查分析框架和调查内容,做到"论之有据、议之有物"。

四是跨学科深度协同,合作模式创新。环境健康经济学在经济学中是一个非常年轻的方向,充分掌握环境科学和健康科学中有关污染物暴露、剂量—效应函数、剂量—反应函数以及相关的毒理学和病理学机理,对增进环境健康的背景知识大有裨益。环境健康议题的内容决定了必须开展人文社会科学与自然科学之间的合作,以及人文社会科学内部经济学与法学、社会学、伦理学的合作研究。

五是搭建中国环境健康经济学产学研政合作交流平台。要系统、深入和长期地从经济学视角研究中国的环境健康问题,可以搭建中国环境健康经济学研究的平台,包括成立环境健康经济学研究会,定期或不定期举办环境健康经济学论坛以及培训。同时还可以进一步联系环保卫生等相关政府职能部门,适度分担环境健康教育知识普及工作。此外,编撰环境健康经济学方面的教材以及专著也是重要的平台基础。

主要参考文献

中文参考文献：

[1] Jan Gilbreath. 环境健康经济学，环境与健康展望(中文版)[Z]. 2007.

[2] 陈太明. 中国经济周期的福利成本差异性研究[J]. 管理世界, 2008(5).

[3] 陈彦斌, 周业安. 中国商业周期的福利成本[J]. 世界经济, 2006(2).

[4] 高铁梅. 计量经济分析方法与建模[M]. 北京：清华大学出版社, 2009.

[5] 卢洪友. 中国基本公共服务均等化进程报告[M]. 北京：人民出版社, 2012.

[6] 世界卫生组织. 2002年世界卫生组织报告，减少风险，延长健康寿命[R/OL]. (2002/14661-Sadag-1100). https://www.docin.com/p-1115047038.html.

[7] 世界卫生组织. 2004年世界卫生组织报告：改变历史[R/OL]. (2004-06-15). https://wenku.baidu.com/view/891c822f0066f5335a8121c1.html.

[8] 世界卫生组织. 2013年全民健康覆盖研究[R/OL]. (2013-08-15). https://www.cnki.com.cn/Article/CJFDTotal-SYIY201317024.htm.

[9] 世界卫生组织. 2017年世界卫生统计报告[R/OL]. (2017-05-31). https://www.medsci.cn/article/show_article.do? id=197b100266e2.

[10] 苏扬, 段小丽. 建立环境与健康风险管理制度[J]. 中国发展观察, 2010(11).

[11] 王俊, 昌忠泽. 中国宏观健康生产函数：理论与实证[J]. 南开经济研究, 2007(2).

[12] 王少平, 胡进. 中国GDP的趋势周期分解与随机冲击的持久效应[J]. 经济研究, 2009(4).

[13] 王少平, 孙晓涛. 中国通货膨胀的相依性周期[J]. 中国社会科学, 2013(5).

[14] 徐明焕. 论质量安全型经济[M]. 北京：中国标准出版社, 2013.

[15] 亚洲开发银行. 迈向环境可持续的未来--中华人民共和国国家环境分析[M]. 北京：中国财政经济出版社, 2012.

[16] 杨东平. 中国环境发展报告(2010版)[M]. 北京：社会科学文献出版社, 2010.

[17] 中国环境科学研究院. 2010年中国环境科学研究院研究报告[R/OL]. 2010.

[18] 中国环境与发展国际合作委员会. 中国环境保护与社会发展课题组摘要报告[R/OL]. (2013-11-13). http://www.cciced.net/zcyj/yjbg/zcyjbg/2013/201607/P0201 607083938 72731595.pdf.

[19] 中国环境与发展国际合作委员会. 中国绿色转型展望 2020-2050[R/OL]. (2016-07-15). http://www.cciced.net/zcyj/yjkt/wqkt/2017kt/lszw/201607/t20160715 _71447.html.

[20] 中国疾病预防控制中心. 中国居民主要疾病死亡原因地图集[R/OL]. (2017-06-16). https://ncncd.chinacdc.cn/jcysj/siyinjcx/syfxbg/201706/t20170616 _144149.htm.

[21] 中华人民共和国环境保护部. 中国人群环境暴露行为模式研究报告[R/OL].

（2014- 03-14）. https：//www. mee. gov. cn/gkml/sthjbgw/qt/201403/t20140314_269210. htm.

[22]　中华人民共和国卫生部. 2011 年中国卫生事业发展统计公报［R/OL］.（2012-04-20）. http：//www. nhc. gov. cn/mohwsbwstjxxzx/s7967/201204/54532. shtml.

英文参考文献：

[1]　Agarwala N, Banternghansab C, Buic L T M, 2010. Toxic exposure in America：Estimating fetal and infant health outcomes from 14 years of TRI reporting［J］. Journal of Health Economics, 29：557-574.

[2]　Agénor P-R, 2008. Fiscal policy and endogenous growth with public infrastructure［J］. Oxford Economic Papers, 60(1)：57-87.

[3]　Aloi M, Tournemaine F, 2011. Growth effects of environmental policywhen pollution affects health［J］. Economic Modelling, 28：1683-1695.

[4]　Anderson T W , Hsiao C, 1982. Formulation and Estimation of Dynamic Models using Panel Data［J］. Journal of Econometrics, 18：47-82.

[5]　Arceo-Gomez E O, Hanna R, Oliva P, 2012. Does the Effect of Pollution on Infant Mortality Differ Between Developing and Developed Countries? Evidence from Mexico City［J］. NBER Working Paper,（18349）.

[6]　Arellano M, Bond S, 1991. Some tests of specification for panel data：Monte Carlo evidence and an application to employment equations［J］. Review of Economic Studies, 58：277-297.

[7]　Arkes J, 2007. Does the economy affect teenage substance use?［J］. Health Economics, 16：19-36.

[8]　Beatty T K M, Shimshack J P, 2011. School buses, diesel missions, and respiratory health［J］. Journal of Health Economics, 30：987-999.

[9]　Blanchard O J, 1985. Debt, Deficits, and Finite Horizons［J］. The Journal of Political Economy, 93(2)：223-247.

[10]　Brainard J S, Jones A P, Bateman I J, et al. , 2002. Modelling environmental equity：access to air quality in Birmingham［J］. England Environment and Planning, 34：695-716.

[11]　Carson R T, Koundouri P, Nauges C, 2011. Arsenic Mitigation in Bangladesh：A Household Labor Market Approach［J］. American Journal of Agricultural Economics, 93 (2)：407-414.

[12]　Cesur R, Tekin E, Ulker A, 2013. Air Pollution and Infant Mortality：Evidence from the Expansion of Natural Gas Infrastructure［J］. NBER Working Paper, No. 18736.

[13]　Chakraborty S, 2004. Endogenous lifetime and economic growth［J］. Journal of Economic Theory, 116：119-137.

[14]　Chatterjee S, Turnovsky S J, 2007. Foreign aid and economic growth：The role of flexible labor supply［J］. Journal of Development Economics, 84(1)：507-533.

[15]　Chay K Y, Greenstone M, 1998. Does air quality matter? Evidence from the housing market［J］. NBER Working Paper,（6826）.

[16]　Chay K Y, Greenstone M, 2003. The Impact of Air Pollution on Infant Mortality：

Evidence from Geographic Variation in Pollution Shocks Induced by a Recession[J].
The Quarterly Journal of Economics：1121-1167.

[17] Chen Y Y,Ebenstein A,Greenstone M,et al.,2013. Evidence on the impact of
sustained exposure to air pollution on life expectancy from China's Huai River policy
[D/OL].PNAS,110(32)：1-6.

[18] Clay K,Troesken W,Haines M R,2010. Lead and Mortality[J]. NBER Working
Paper,(16480).

[19] Coneus K,Spiess C K,2012. Pollution exposure and child health：Evidence for
infants and toddlers in Germany[J]. Journal of Health Economics,31：180-196.

[20] Cropper M L,1981. Measuring the Benefits from Reduced Morbidity[J]. American
Economic Review,71(2)：235-240.

[21] Cunha F,Heckman J,2007. The Technology of Skill Formation [J]. American
Economic Review,97(2)：31-47.

[22] Currie J,Davis L,Greenstone M,et al.,2013. Do Housing Prices Reflect Environmental
Health Risks? Evidence from More than 1600 Toxic Plant Openings and Closings
[J]. NBER Working Paper,(18700).

[23] Currie J,Hanushek E A,Kahn E M,et al.,2009. Rivkin. Does Pollution Increase
School Absences[J]. The Review of Economics and Statistics,91(4)：682-694.

[24] Currie J,Neidell M,2005. Air Pollution and Infant Health：What Can We Learn
From California's Recent Experience[J]. The Quarterly Journal of Economics：1004-
1030.

[25] Currie J,Schmieder J F,2009. Fetal Exposures to Toxic Releases and Infant Health
[J]. American Economic Review,99(2)：1710-1830.

[26] Currie J,Walker R,2009. Traffic Congestion and Infant Health：Evidence from E-
Zpass[J]. NBER Working Paper,(15413).

[27] Currie J,Zivin J S G,Meckel K,et al.,2013. Something in the Water：Contaminated
Drinking Water and Infant Health[J]. NBER Working Paper,(18876).

[28] Deaton A,2003. Health,Inequality,and Economic Development [J]. Journal of
Economic Literature,4：113-158.

[29] Deschênes O,2012. Temperature,Human Health,and Adaptation：A Review of the
Empirical Literature[J]. NBER Working Paper,(18345).

[30] Deschênes O,Greenstone M,Shapiro J S,2011. Defensive Investments and the
Demand for Air Quality：Evidence from the NOx Budget Program and Ozone
Reductions[J]. NBER Working Paper,(18267).

[31] Deschênes O,Moretti E,2007. Extreme Weather Events,Mortality,and Migration
[J]. NBER Working Paper,(13227).

[32] Dominici F,Daniels M,Zeger S L,et al.,2002. Air Pollution and Mortality[J].
American Statistical Association,97(457)：100-111.

[33] Ebenstein A,2012. The Consequences of Industrialization：Evidence formWater
Pollution and Digestive Cancers in China [J]. The Review of Economics and
Statistics,94(1)：186-201.

[34] Efron B,Tibshirani R J,1993. An Introduction to the Bootstrap[M]. New York：

Chapman and Hall.

[35] Evans M F,Smith V K,2005. Do new health conditions support mortality-air pollution effects? [J]. Journal of Environmental Economics and Management,50: 496-518.

[36] Finger S R,Gamper-Rabindran S,2013. Mandatory disclosure of plant emissions into the environment and worker chemical exposure inside plants [J]. Ecological Economics,87: 124-136.

[37] Gerking S,Stanley L R,1986. An Economic Analys is of Air Pollution and Health [J]. The Review of Economics and Statistics,68(1): 115-121.

[38] Gilliland F D, et al. , 2001. Effects of maternal smoking during pregnancy and environmental tobacco smoke on asthma and wheezing in children[J]. American Journal of Respiratory and Critical Care Medicine,163(2): 429-436.

[39] Grossman M,1972. On the Concept of Health Capital and the Demand for Health [J]. Journal of Political Economy,80(2): 223-255.

[40] Guignet D,2012. The impacts of pollution and exposure pathways on home values: A stated preference analysis. Ecological Economics,82: 53-63.

[41] Guo X,2006. The Economic Value of Air-pollution-related Health Risks in China[D/ OL]. Ph. D. thesis,Graduate School,Ohio State University,Columbus,OH.

[42] Gutierrez M,2008. Dynamic inefficiency in an overlapping generation economy with pollution and health costs[J]. Journal of Public Economic Theory,10: 563-594.

[43] Hall J V,Brajer V,Lurmann F W,2010. Air Pollution,Health and Economic Benefits-Lessons from 20 years of Analysis[J]. Ecological Economics,69: 2590-2597.

[44] Hamilton J T,2005. Regulation Through Revelation: The Origin,Politics,and Impacts of the Toxics Release Inventory Program[D/OL]. Cambridge,UK: Cambridge University Press.

[45] Hammitt J K,Zhou Y,2006. The Economic Value of Air-Pollution-Related Health Risks in China: A Contingent Valuation Study[J]. Environmental and Resource Economics,33: 399-423.

[46] Hanna R,Oliva P,2011. The effect of pollution on labor supply: evidence from natural experiment in Mexico City[J]. NBER Working Paper,(17302).

[47] Hansen B E,1999. Threshold effects in non-dynamic panels: Estimation,testing and inference[J]. Journal of Econometrics,93: 345-368.

[48] Harrington W, Portney P R, 1987. Valuing the Benefits of Health and Safety Regulations[J]. Journal of Urban Economics,22: 101-112.

[49] Heutel G, Ruhm C J, 2013. Air Pollution and Procyclical Mortality [J]. NBER Working Paper,(18959).

[50] Holdaway J,2013. Environment and Health Research in China: The State of the Field [J]. The China Quarterly,214: 255-282.

[51] Hübler M,Klepper G,Peterson S,2008. Costs of climate change: The effects of rising temperatures on health and productivity in Germany[J]. Ecological Economics,68: 381-393.

[52] Huhtata A,Samakovlis E,2007. Flows of Air Pollution,Ill Health and Welfare[J]. Environmental & Resource Economics,37: 445-463.

［53］ Ikefuji M, Horii R, 2007. Wealth Heterogeneity and Escape from the Poverty-Environment Trap[J]. Journal of Public Economic Theory,9(6): 1041-1068.

［54］ Jayachandran S, 2009. Air Quality and Early-Life Mortality: Evidence from Indonesia's Wildfires[J]. Human Resources,44(4): 916-954.

［55］ Jerrett M,Burnett R T,Pope C A, et al., 2009. Long-Term Ozone Exposure and Mortality[J]. The New England Journal of Medicine,360: 1085-1095.

［56］ John A,Pecchenino R, 1994. An overlapping generations model of growth and the environment[J]. The Economic Journal,104: 1393-1410.

［57］ Jouvet P A,Pestieau P,Ponthiere G,2010. Longevity and environmental quality in an OLG model[J]. Journal of Economics,100: 191-216.

［58］ Joyce,Grossman M, Goldman Fred, 1986. An Assessment of the Benefits of Air Pollution Control: The Case of Infant Death[J]. NBER Working Paper,(1928).

［59］ Kampa M,Castanas E,2008. Human health effects of air pollution[J]. Environmental Pollution,151: 362-367.

［60］ Kraft M, Stephan M, Abel T D, 2011. Coming Clean: Information Disclosure and Environmental Performance[D/OL]. Cambridge,MA: MIT Press.

［61］ Lavaine E,Neidell M J,2013. Energy Production and Health Externalities: Evidence from Oil Refinery Strikes in France[J]. NBER Working Paper,(18974).

［62］ Lavy V, et al., 2012. Ambient air pollution, cognitive performance, and long term consequences for human capital formation[J]. Mimeo,Hebrew University of Jerusalem.

［63］ Liu L,2012. Environmental Poverty-a Decomposed Environmental Kuznets Curve,and Alternatives: Sustainability Lessons from China[J]. Ecological Economics,73(15): 86-92.

［64］ Lleras-Muney A,2010. The needs of the Army: using compulsory relocation in the military to estimate the effect of air pollutants on children's health [J]. Human Resources,45(3): 549-590.

［65］Longo B M,Rossignol A,Green J B,2008. Cardiorespiratory health effects associated with sulphurous volcanic air pollution[J]. Public Health,122: 809-820.

［66］ Mariani F, 2010. Life Expectancy and The environment[J]. Journal of Economic Dynamics and Control,34(4): 798-815.

［67］ Mariani F,Perez-Barahona A,Raffin N,2010. Life expectancy and the environment [J]. Journal of Economic Dynamics and Control,34: 798-815.

［68］ Martin R V, 2008. Review: Satellite remote sensing of surface air quality[J]. Atmospheric Environment,42: 7823-7843.

［69］ Miller K A,Siscovick D S,Sheppard L, et al., 2007. Long-Term Exposure to Air Pollution and Incidence of Cardiovascular Events in Women[J]. The New England Journal of Medicine,356(5): 4410-458.

［70］ Mithas S, Ramasubbu N , Krishnan M S, 2007. Designing websites for customer loyalty across business domains: A multilevel analysis[J]. Journal of Management Information Systems,23(3): 97-127.

［71］ Moretti E, Neidell M, 2009. Pollution, Health, and Avoidance Behavior: Evidence from the Ports of Los Angeles[J]. Journal of Human Resources,46 (1): 154-175.

[72] Narayana P K, Narayan S, 2008. Does environmental quality influence health expenditures? Empirical evidence from a panel of selected OECD countries [J]. Ecological Economics, 65: 367-374.

[73] Neidell M J, 2004. Air Pollution, Health, and Socio-Economic Status: The Effect of Outdoor Air Quality on Childhood Asthma[J]. Health Economics, 23(6): 1209-1236.

[74] Oates W E, 1999. An Essay on Fiscal Federalism [J]. American Economic Association, 37(3): 1120-1149.

[75] Palivos T, Varvarigos D, 2010. Pollution abatement as a source of stabilization and long-run growth[D/OL]. Department of Economics discussion paper, University of Macedonia.

[76] Patankar P L T, 2011. Monetary Burden of Health Impacts of Air pollution in Mumbai, India: Implications for Public Health Policy [J]. Public Health, 125: 157-164.

[77] Pautrel X, 2009. Pollution and life expectancy: how environmental policy can promote growth[J]. Ecological Economics, 68: 1040-1051.

[78] Popp D, 2009. Energy, The Environment, And Technological Change [J]. Working Paper: 14832.

[79] Ransom M, Pope C A, 1992. Elementary school absences and PM10 pollution in Utah Valley[J]. Environmental Research, 58(2): 204-219.

[80] Repetto R, Dower R C, Jenkins R, et al., 1992. Green Fees: How A Tax Shift Can Work For the Environment and the Economy[J]. World Resources Institute.

[81] Ruhm C J, 2012. Understanding the relationship between macroeconomic conditions and health[M]// Jones A M (ed.). Elgar Companion to Health Economics, 2nd Edition. Cheltenham, UK: Edward Elgar: 5-14.

[82] Sanders N J, 2011. What Doesn't Kill you Makes you Weaker: Prenatal Pollution Exposure and Educational Outcomes [J]. Journal of Human Resources, 47 (3): 826-850.

[83] Schlenker W, 2011. Reed Walker. Airports, Air Pollution, and Contem-poraneous Health[J]. NBER Working Paper, (17684).

[84] Schoolman E D, Ma C B, 2012. Migration, class and environmental inequality: Exposure to pollution in China's Jiangsu Province[J]. Ecological Economics, 75: 140-151.

[85] Schwartz J, Repetto R, 2000. Nonseparable utility and the double dividend debate: reconsidering the tax-interaction effect[J]. Environmental and Resource Economics, 15: 149-157.

[86] Smith K R, Peel J L, 2010. Mind the gap[J]. Environmental Health Perspectives, 118 (12): 1643-1655.

[87] Smulders S, Gradusb R, 1996. Pollution abatement and long-term growth [J]. European Journal of Political Economy, 12(3): 505-532.

[88] Soretz S, 2003. Stochastic pollution and environmental care in an edagenous growth model[D/OL]. Manchester School, 71(4): 448-469.

[89] Srinivasan J T, Reddy V R, 2009. Impact of irrigation water quality on human health:

A case study in India[J]. Ecological Economics,68: 2800-2807.

[90] Stern D I,2004. The Rise and Fall of the Environmental Kuznets Curve[J]. World Development,(32).

[91] Strauss J,Thomas D,1998. Health,Nutrition,and Economic Development[J]. Journal of Economic Literature,36: 766-817.

[92] Tiebout C A, 1956. Pure Theory of Local Expenditures [J]. Journal of Political Economy,64(5): 416-424.

[93] Travisia C M,Nijkamp P,2008. Valuing environmental and health risk in agriculture: A choice experiment approach to pesticides in Italy[J]. Ecological Economics,67: 598-607.

[94] Wang M,Zhao J,Bhattacharya J,2013. Optimal health and environmental policies in a pollution-growth nexus[J]. ISU General Staff Papers.

[95] Williams III R C,2002. Environmental Tax Interactions when Pollution Affects Health or Productivity[J]. Journal of Environmental Economics and Management,(2): 261-270.

[96] Williams III R C,2003. Health effects and optimal environmental taxes[J]. Journal of Public Economics,87: 323-335.

[97] Wilson C,Tisdell C,2001. Why farmers continue to use pesticides despite environmental, health and sustainability costs[J]. Ecological Economics,39: 449-462.

[98] World Bank,2006. World development report 2006: equity and development.

[99] Xepapades A,1997. Advanced Principles in Environmental Policy[D/OL]. Edward Elgar,Northampton (Ma).

[100] Zhang D S, Aunan K, Seip H M, et al., 2010. The assessment of health damage caused by air pollution and its implication for policy making in Taiyuan, Shanxi, China[J]. Energy Policy,38: 491-502.

[101] Zhang J J,Hu W,Wei F,et al.,2002. Chapman. Children's Respiratory Morbidity Prevalence in Relation to Air Pollution in Four Chinese Cities[J]. Environmental Health Perspectives,110: 961-967.

[102] Zivin J G,Neidell M,2012. The Impact of Pollution on Worker Productivity[J]. American Economic Review,102(7): 3652-3673.

[103] Zivin J G,Neidell M,2013. Environment,Health,and Human Capital[J]. Journal of Eco- nomic Literature,51(3): 689-730.

[104] Zweig J, et al., 2009. Air pollution and academic performance: Evidence from California schools[D/OL]. Mimeo,University of Southern California.

后　记

　　本书是在国家社科基金资助下完成的，全书的最终定稿凝结了多位课题参与人的心血，他们是张宁川、陈建伟、魏永长、徐彦哲等人，他们直接参与了本书稿的撰写工作，在此表示衷心感谢。本书稿在立项和完成的过程中，复旦大学陈诗一教授、武汉大学吴俊培教授、卢洪友教授、龚锋教授、卢盛峰教授，香港城市大学李万新副教授，华东理工大学邵帅研究员，北京科技大学杨志明副教授，辽宁大学张广辉教授，中南财经政法大学张琦教授、曾益教授、俞秀梅副教授、刘潘副教授等都提供了全方位的帮助。同时，研究生王嘉欣、杨春飞、林诗贤、陶子贝、周睿等出色的助研工作也为本书的顺利完成提供了帮助，在此一并表示感谢。特别感谢清华大学出版社商成果编辑细致、耐心和专业的校审工作，感谢全国哲学社会科学工作办公室的资助。当然，由于个人能力有限，本书难免存在一定错漏，敬请读者谅解。